基于可调控热膨胀点阵的异质材料结构热应力均匀化

罗伟蓬　袁晓静　李国喜　张　泽　程　晨
周永涛　阳能军　李　浩　赵　冠　　　编著

国防工业出版社
·北京·

内 容 简 介

本书在认真总结国内外关于异质材料结构热应力均匀化和可调控热膨胀点阵研究成果的基础上,针对异质材料结构热失配引起的热应力集中问题,重点研究可调控热膨胀点阵的构型、材料性能温变对可调控热膨胀点阵的影响,并以可调控热膨胀点阵作为设计要素,通过梯度热膨胀点阵填充形成异质材料结构点阵连接设计方法,为解决异质材料结构热失配提供了新的解决思路。

本书可为从事热失配领域研究的科研人员提供有益的借鉴。

图书在版编目(CIP)数据

基于可调控热膨胀点阵的异质材料结构热应力均匀化/
罗伟蓬等编著. —北京:国防工业出版社,2024.10.
ISBN 978 – 7 – 118 – 13147 – 5

Ⅰ.TB33

中国国家版本馆 CIP 数据核字第 2024TB8593 号

※

国防工业出版社出版发行
(北京市海淀区紫竹院南路23号 邮政编码100048)
北京凌奇印刷有限责任公司印刷
新华书店经售

*

开本710×1000 1/16 印张9 字数161千字
2024年10月第1版第1次印刷 印数1—1200册 定价48.00元

(本书如有印装错误,我社负责调换)

国防书店:(010)88540777 书店传真:(010)88540776
发行业务:(010)88540717 发行传真:(010)88540762

前言

随着科技的不断发展,单一材料已经远远不能满足武器系统的性能要求,多种性能优异的材料已经广泛应用于新一代高精度武器的研制当中,使得高精密武器装备中存在大量异质材料结构。异质材料结构热失配引起的热应力集中,可破坏结构精度和动态响应性能,对精密结构产生极大的影响,造成整体性能倍数级地下降,严重制约着高精密复杂武器装备性能的提升。近年来发展的可调控热膨胀点阵具有良好的可设计性,可以实现较大范围的正、负热膨胀系数,以及近零热膨胀系数,为关键异质材料结构热应力的缓解提供技术支持,是国内外研究的热点。

本书是在认真总结国内外关于异质材料结构热应力均匀化和可调控热膨胀点阵研究成果和工程实践基础上编写完成的。针对异质材料结构热失配引起的热应力集中问题,本书以传统双材料层合板热应力理论为指导,重点研究可调控热膨胀点阵的构型、材料性能温变对可调控热膨胀点阵的影响,实现可调控热膨胀点阵热膨胀系数的准确预测,并以可调控热膨胀点阵作为设计要素,通过梯度热膨胀点阵填充形成异质材料结构点阵连接设计方法,有效减小结构热应力,为异质材料结构热失配提供了解决思路。

全书分为7章。第1章主要介绍异质材料结构热应力均匀化及相关核心技术的研究现状,概括阐述本书的主要工作。第2章基于双材料板热应力计算公式,通过对比分析确定异质材料结构热应力均匀化方法。第3章重点研究以双材料复合杆和三角形结构作为基本单元,设计多种可调控热膨胀点阵构型,并以倒梯形点阵为例,分析其热变形规律。第4章基于分子动力学模拟,着重研究材料热膨胀系数和杨氏模量温变对点阵等效热膨胀系数的影响。第5章搭建高精度热膨胀测量平台,进行热膨胀系数测量实验,并给出减小测量误差的办法。第6章建立异质材料结构梯度热膨胀点阵连接设计流程,实现两种条件下的异质材料结构梯度热膨胀连接设计。第7章完成异质材料结构梯度热膨胀连接的实验验证。本书中部分图片的彩色图由二维码形式给出,读者利用智能手机的"扫一扫"功能,扫描图片右侧的二维码,即可查看对应彩图。

本书由火箭军工程大学罗伟蓬、袁晓静和国防科技大学李国喜教授等人共同撰写,罗伟蓬负责全书的统稿和修改。本书在编写过程中得到了张萌副教授、王旭平副教授的大力支持,他们提出了许多宝贵意见,为本书的成稿提供了十分有益的帮助,在此表示衷心的感谢。

由于编者水平有限,对相关问题的理解和把握还比较粗浅,书中难免存在一些不足,恳请同行专家和读者不吝斧正,提出宝贵意见。

目 录

第1章 绪论 ··· 1
  1.1 基本概念 ·· 1
  1.2 目的与意义 ·· 1
  1.3 国内外研究动态 ·· 4
    1.3.1 异质材料结构热应力均匀化 ································ 4
    1.3.2 可调控热膨胀点阵结构 ···································· 8
    1.3.3 热膨胀系数测量方法 ······································ 15
  1.4 本书的主要内容 ·· 18

第2章 异质材料结构热应力均匀化方法选择 ·························· 20
  2.1 引言 ·· 20
  2.2 异质材料结构热应力计算公式验证 ································ 20
    2.2.1 热应力计算公式 ·· 20
    2.2.2 热应力计算实例 ·· 22
    2.2.3 热应力仿真验证 ·· 24
  2.3 异质材料结构最大热应力影响参数分析 ···························· 29
    2.3.1 结构尺寸对最大应力的影响 ································ 30
    2.3.2 杨氏模量比例对最大应力的影响 ···························· 32
    2.3.3 材料热膨胀系数比对最大应力的影响 ························ 34
  2.4 异质材料结构热应力均匀化方法对比 ······························ 35
    2.4.1 热膨胀系数梯度变化连接法 ································ 36
    2.4.2 热膨胀系数连续变化连接法 ································ 38
    2.4.3 两种连接方法的对比 ······································ 39
  2.5 本章小结 ·· 41

第3章 新型可调控热膨胀点阵结构建立与参数分析 ···················· 42
  3.1 引言 ·· 42
  3.2 双材料复合杆结构 ·· 42
    3.2.1 双材料复合杆单元 ·· 42

3.2.2　复合杆单元构成的可调控热膨胀点阵 …………………… 44
　　　3.2.3　复合杆单元与三角形单元构成的可调控热膨胀点阵 …… 46
　3.3　倒梯形负热膨胀点阵结构与性能仿真 ………………………………… 49
　　　3.3.1　倒梯形负热膨胀点阵的结构 ………………………………… 49
　　　3.3.2　等效热膨胀系数计算 ………………………………………… 50
　　　3.3.3　有限元仿真分析 ……………………………………………… 51
　3.4　结构参数对倒梯形点阵性能的影响规律分析 ………………………… 54
　　　3.4.1　材料的热膨胀系数比例 ……………………………………… 55
　　　3.4.2　长杆与虚拟杆的长度比 ……………………………………… 56
　　　3.4.3　点阵的高度 …………………………………………………… 58
　3.5　本章小结 ………………………………………………………………… 59

第4章　材料性能温变对点阵热膨胀系数的影响规律分析 …………………… 60
　4.1　引言 ……………………………………………………………………… 60
　4.2　热膨胀系数温变对点阵热膨胀系数的影响规律分析 ………………… 60
　　　4.2.1　晶格间距与温度关系的模拟流程 …………………………… 60
　　　4.2.2　升温模拟参数选择 …………………………………………… 62
　　　4.2.3　晶格间距与温度关系拟合 …………………………………… 66
　　　4.2.4　热膨胀系数温变对倒梯形点阵热膨胀性能的影响 ………… 70
　4.3　理论杨氏模量与温度的关系拟合 ……………………………………… 72
　　　4.3.1　基于嵌入势函数的杨氏模量计算流程 ……………………… 72
　　　4.3.2　分子动力学加载与杨氏模量计算公式 ……………………… 73
　　　4.3.3　杨氏模量计算与拟合 ………………………………………… 74
　4.4　杨氏模量温变对点阵热膨胀系数的影响 ……………………………… 77
　　　4.4.1　基于微范性理论的杨氏模量修正理论 ……………………… 77
　　　4.4.2　杨氏模量修正 ………………………………………………… 78
　　　4.4.3　杨氏模量温变对点阵热膨胀系数的影响 …………………… 81
　4.5　本章小结 ………………………………………………………………… 83

第5章　倒梯形点阵热膨胀系数测量与误差分析 …………………………… 84
　5.1　引言 ……………………………………………………………………… 84
　5.2　热膨胀测量平台建立 …………………………………………………… 84
　　　5.2.1　热膨胀测量的基本原理 ……………………………………… 84
　　　5.2.2　热膨胀测量平台搭建 ………………………………………… 85
　　　5.2.3　热膨胀系数测量流程 ………………………………………… 86
　　　5.2.4　热膨胀测量平台的有效性验证 ……………………………… 87

5.3 倒梯形点阵热膨胀系数测量 ··· 90
　　5.3.1 样件制备 ·· 90
　　5.3.2 热膨胀系数测量 ··· 91
5.4 热膨胀系数测量误差分析 ··· 93
　　5.4.1 微位移的分解 ··· 93
　　5.4.2 平移分量分析 ··· 94
　　5.4.3 转动分量分析 ··· 95
5.5 本章小结 ·· 98

第6章 异质材料结构梯度热膨胀点阵连接设计 ························· 100
6.1 引言 ·· 100
6.2 异质材料结构梯度热膨胀点阵连接设计流程 ······················ 100
　　6.2.1 设计约束条件 ··· 100
　　6.2.2 备选点阵模型 ··· 101
　　6.2.3 设计流程 ··· 107
6.3 竖向零热膨胀异质材料结构点阵连接设计 ·························· 109
　　6.3.1 设计约束条件确定 ··· 109
　　6.3.2 点阵选型 ··· 110
　　6.3.3 异质材料结构点阵连接建模与仿真 ··································· 112
6.4 竖向负热膨胀异质材料结构点阵连接设计 ·························· 115
　　6.4.1 设计约束条件确定 ··· 115
　　6.4.2 点阵选型 ··· 116
　　6.4.3 异质材料结构点阵连接建模与仿真 ··································· 117
6.5 本章小结 ·· 120

第7章 异质材料结构梯度热膨胀点阵连接实验验证 ················· 121
7.1 异质材料结构点阵连接样件制造 ·· 121
7.2 热膨胀系数测量 ·· 122
　　7.2.1 导轨滑块的误差校准 ··· 122
　　7.2.2 样件的热膨胀测量 ··· 123
7.3 热变形测量与热应力计算 ·· 125
　　7.3.1 热应力测量原理 ··· 125
　　7.3.2 热应力测量实验 ··· 126
7.4 本章小结 ·· 127

参考文献 ·· 128

第1章 绪 论

本章主要介绍异质材料结构热应力均匀化的基本概念及国内外研究现状与发展趋势,论述异质材料结构热应力均匀化的重要性,明确本书的主要内容。

1.1 基本概念

在制导武器系统的研制过程中,为了满足极端服役环境下的性能要求,经常使用多种不同材质的零件相互连接,而不同材质零件的热失配应力是影响制导精度的重要因素。因此,如何有效减小其热应力以提高武器系统的制导精度,是一项非常重要的工作。

异质材料结构是指多种不同材质的零件形成的连接结构。一般来说,两种不同的材料,其热膨胀系数不相等。在温度变化时,这两种材料的热变形不一致。在没有几何约束的情况下,这种自然的热膨胀并不会导致结构产生应力。但是当这两种材料形成连接结构时,其连接约束就要求其具有相同或相近的变形,从而迫使结构产生一定的变形来抵消热膨胀变形。所以在温度变化时,异质材料结构一般会产生一定的内部应力。

热失配指的是热膨胀系数的不相等。热失配应力是指由于热失配导致的热应力。在温度变化时,异质材料结构中一般会存在热失配应力,并且热膨胀系数差异越大,热失配应力越大。

热应力均匀化是指使结构中的热应力分布更为均匀。其主要通过利用整个结构来承担结构的热应力,使热应力不仅仅是集中在材料界面处。一般通过功能梯度材料使得热应力分布离散化,达到热应力均匀化的目的。

1.2 目的与意义

随着综合国力的不断增强,我国面临的安全威胁与挑战更加凸显。为了维护国家的核心利益,不断提高战略威慑能力,迫切需要新一代制导武器具备打击精度更高、突防特性更好、打击范围覆盖全球目标和在轨卫星等性能。这就要求新一代武器系统具有光电、微波、惯导等多传感器信息融合的高精度制导能力,同时具有高速、高机动的特性,而且能够在空天跨域、温度变化剧烈的极端环境下服役并有效毁伤目标。

制导系统作为武器的核心部件,存在严重的热应力集中问题。制导系统一般由上百个精密零件构成,由于功能的需求,各零件选用的材料种类多样,其热膨胀系数不尽相同,形成了许多精密异质材料结构。一方面,在发射过程中,随导弹所处高度的变化,制导系统经历很大的温差变化;同时,导弹在飞行过程中,高速飞行的导弹与大气层摩擦产生的热量通过弹体传递至导弹内部,对制导系统的精密结构造成大幅度的温变冲击;此外,为了提高导弹的突防特性,导弹会反复变轨,多次出入大气层,导致制导系统必须承受多频次、大幅度的温变冲击。另一方面,在受到温度冲击时,异质材料界面处由于热膨胀系数不匹配而产生相当大的应力集中。这种异质材料结构热失配应力严重影响了制导系统性能的进一步提升。

热应力集中是制约制导精度提升的核心问题。制导系统的零件加工精度极高,已经达到亚微米级,然后通过手工装配和调校,使得制导系统的静态和动态响应均达到测试要求,其对结构的热应力变形非常敏感,极小的结构热变形将会导致制导系统的测试不达标。另外,轻量化一直是防空导弹的关键指标,为了实现结构的减重,在结构设计中利用拓扑优化进行点阵填充,使得制导系统中存在很多轻薄结构;对于额外的热应力,将会增加结构的变形,降低制导系统的尺寸精度,增加结构失效的风险。在温变冲击的作用下,异质材料结构将会产生相当大的热应力集中,破坏制导系统精密结构的尺寸精度和动态响应性能,严重时可能引起部分构件尤其是关键精密结构失效,造成制导精度的显著下降,使导弹打击精度产生倍数级的下降,最终影响导弹武器系统的战技效能。所以,研究异质材料结构热失配应力,减小热应力集中,对提高制导系统的抗温变冲击性能意义重大。

缓解防空导弹制导系统在温变冲击工况下的热应力集中问题,通常有以下两种实现方式:改善异质材料结构几何约束和减小异质材料结构热膨胀系数差异。第一种方式:改善异质材料结构几何约束限制,即减少刚性几何约束。在结构设计之初,充分考虑各构件的热膨胀,为结构的热膨胀变形预留空间,然后采用易变形的软材料来填充结构之间的间隙,从而减弱温变冲击对异质材料结构的影响。在设计结构间隙时,考虑最大温度变化引起的结构热变形,使得预留间隙可以容纳结构的最大热膨胀变形,从而在不改变载荷环境和结构参数的情况下达到减小结构热应力集中的目的。从以上分析可以看出,改善几何约束本质上就是使各构件之间相互分离,使得每个结构可以自由热膨胀,达到减小结构热应力集中的目的。这种方式非常简单,也是目前采用的最原始的解决办法,而且在当前的导弹武器系统研制中取得了成效,但它存在几个显著缺点:①增加结构间隙,大大地降低了结构的刚性,使得制导系统产生更大的振动,与制导系统高刚度高稳定性的要求相背离,影响制导精度的进一步提升;②增加结构间隙,势必将引入额外的装配与调试环节,导致生产过程烦琐,一定程度上对导弹系统的研制周期和列装速度带来影响。第二种方式:减小异质材料结构热膨胀系数差异,指采用热膨胀系数相同或相近的材料加工制作零件,减小各构件之间的热膨胀系数差异,从而减小结构的热应力集中,提高结构本身的抗温变冲击能力。这种方式受当前材料种类的制约,即热膨胀系数匹配的材料,其刚度、重量等性能并不一定满足要求;在保证结构性能的前提下,可选的材料并不能使得热膨胀系数相匹配,所以该方法并未取得良好效果。

经过以上分析可知,通过额外增加结构间隙的方式无法有效满足新一代防空导弹系统抗温变冲击的严格要求,并且会在不同程度上制约导弹的制导精度和研制效率。而第二种方式立足于结构热膨胀系数匹配,从材料的热膨胀系数入手提升制导系统的抗温变冲击能力,无需额外增加结构间隙,本质上是一种更优的方式,却因受到相关技术的制约而未得到显著发展。近年来,随着点阵结构的发展,尤其是可调控热膨胀点阵结构的研究,能够赋予结构更丰富的功能和更优异的性能,为提升制导系统抗温变冲击能力以适应极端服役环境提供了新的技术解决途径。

双材料可调控热膨胀点阵以其优异的热膨胀系数调控能力,在结构热变形调控方面具有重要的应用价值,已经得到比较广泛的研究。其等效热膨胀系数具有良好的可设计性。通过在异质材料结构界面处排布多层不同参数的可调控热膨胀点阵,可以使异质材料结构连接处热膨胀系数平缓过渡,为减小热应力集中提供新的思路。经研究发现,现有的双材料热膨胀点阵不适用于异质材料结构连接,其热膨胀系数的计算与预测误差较大,也没有成熟的方法指导异质材料结构点阵连接的设计。所以,目前异质材料结构热应力集中问题没有得到很好的解决。

综上所述,针对异质材料结构热应力集中问题,建立异质材料结构的热应力理论模型,研究影响异质材料结构热应力的关键因素;研究可调控热膨胀点阵结构的实现机理和基本构型,为构建适用于异质材料结构点阵连接的可调控结构提供指导;研究可调控热膨胀点阵各参数对结构热膨胀特性的影响规律,建立更加准确的热膨胀系数预测模型;利用双材料可调控热膨胀点阵的良好可设计性,提出基于双材料可调控热膨胀点阵的异质材料结构热膨胀系数平缓过渡思路,探究减小异质材料结构热失配应力的设计方法,为实现抗温变冲击特性更好的先进制导系统提供技术支撑,有助于提升新一代防空导弹在极端环境下的可靠性和战技性能,具有较大的理论和实用价值。

1.3　国内外研究动态

异质材料结构存在于各种装备连接部位,国内外对于异质材料多层板的热应力进行了深入的理论分析,并且相关研究主要集中于异质材料结构热应力均匀化、可调控热膨胀点阵结构、异形零件热膨胀测量技术等方面。下面就以上几方面的国内外研究现状进行简要介绍。

1.3.1　异质材料结构热应力均匀化

在航空航天领域(如热防护结构[1-2]、空间精密探测结构[3-5]、火箭发动机连接结构[6-7]、卫星表面支架[8]等)和微电子领域[9-10](如键合封装[11-12]和多层结构[13-14]),会形成各种各样的异质材料结构,并且异质材料结构经常会受到非常大的温度变化。在温度载荷作用下,由于这些结构的连接部件具有不同热膨胀系数,所以它们会因热失配而导致界面处产生严重的热应力集中。异质材料结构端部附近局部的剥落和剪切作用可能引发界面断裂,导致构件失效,造成严重的事故和灾难。下面主要从异质材料结构热应力理论研究和实际应用两个方面进行介绍。

1. 异质材料结构热应力的理论研究

为了解决异质材料结构热应力的问题,许多研究者对异质材料结构的热应力进行了研究。提出了有效和精确的分析方法,来确定在热载荷作用下层状梁或层合板异质材料结构上的层间应力。Timoshenko 研究了双金属恒温器受空间均匀温度变化的情况[15]。基于材料强度理论,Timoshenko 计算了不同约束条件下,双金属条的挠度和界面应力,计算结果表明异质材料结构之间存在界面剪切和法向应力,但是无法预测界面剪切和法向应力的分布。基于弹性理论,Hess 利用特征函数级数展开进行求解,得到可用于求解双材料层合板在温度载荷作用下的应力场[16-17]。它可以预测靠近端点的应力集中,但是求解公式较为复杂。为了得到更为简单的解析解,Suhir 基于狭长板理论,综合考虑双材料板的横向界面柔度,在满足界面剪切应力和法向剥离应力边界条件的前提下,得到非常简单的公式来近似计算两种材料界面处的剪切应力和剥离应力[18-19]。基于 Suhir 提出的双层板理论,刘加凯[20]将其拓展到多层结构,建立了多层薄膜的热应力分布模型,该模型可用于计算多层结构中热应力分布规律。此外,通过有限元仿真计算的方法,也可以得到较为准确的异质材料结构热应力,但是其求解精度与计算复杂程度高度相关,异质材料结构热应力的精确有限元解通常需要精细的网格划分和超大的计算量。针对不同的载荷和参数组合,重复执行精细有限元分析过于烦琐。Eischen 对比了 Hess 特征函数解法、Suhir 解法和有限元方法三种方法计算异质材料结构热应力[21]。通过对比发现,在计算异质材料结构自由端部的应力时必须格外小心,虽然近似理论可能对初步设计估算有用,但必须进行更精细的分析程序,才能适当处理应力的峰值大小和分布。Yin 在基于应力公式变分法的基础上引入互补虚功原理,在加权积分的基础上加强应变的相容性和位移的界面连续性[22]。因此,与基于位移公式的变分解和其他数值解相比,变分解产生更精确的应力场,特别是在异质材料结构自由端部应力集中附近区域。

2. 异质材料结构热应力均匀化方法

为了有效减小异质材料结构热应力集中,实现热应力均匀化,许多学者对异质材料结构热应力均匀化进行了研究。主要通过以下几种途径减小异质材料结构热应力:结构参数设计、功能梯度材料和双材料点阵连接。

基于异质材料结构热应力的理论计算,发现通过重新排列层或改变某些几何参数可以减小异质材料结构热应力。亢一澜[23]等利用有限元仿真研究了温度载荷作用下异质材料结构端部区域的应力分布,以及端部几何形状对应力分布的影响,分别分析了在材料性质突变和端部几何构形突变时,异质材料结构端部的应力集中问题。研究结果表明:由于温度的变化,在界面层端部存在着很高的应力集中,但是仅在界面端部很小的区域。改变界面端部的几何形状可以有效地缓解端部应力集中程度,特别是减小界面层的剥离应力。徐忠营[2]通过分析波纹夹芯热防护结构中各几何参数,发现夹芯板的腹板厚度和其与面板角度是影响热失配的关键因素;通过拓扑优化,以腹板厚度和角度为设计变量进行参数敏感性分析,综合考虑刚度、强度和质量,最终设计腹板厚度为5mm、角度为71°时,热防护板的热应力最小。张肖肖[1]等利用不同外形参数下的一体化热防护系统有限元模型,分析其热失配现象与腹板角度和倒圆形式的变化关系,发现通过改变腹板与底面夹角,可以改善热传导性能;通过腹板与壁板之间的夹角进行倒圆设计,可有效改善面板的热应力集中。李言谨等[3-4]针对红外焦平面热失配应力提出了两种新的多层结构,通过引入低热膨胀层,改变层的排列顺序,实现减小热失配应力的目标,并通过实验验证了其有效性。陈星等[24]建立了红外焦平面探测器结构的有限元仿真模型,分析了结构参数分别对探测器热失配应力和形变的影响,并提出了减小热应力的改进方法。Sinev[12]等发现改变键合硅片与玻璃片的厚度比例,可以有效减小硅片表面的残余应力,对于硼硅酸盐玻璃,理想的玻璃与硅的厚度比例约为3。刘加凯[25]根据 Suhir 双材料板热应力理论,研究了热应力与结构参数之间的关系,发现界面应力与两材料层厚度比有关;并以铜/铬组成的双层板为例,进行数值计算,最终发现当铜层和铬层厚度比为1.5,可以有效减小层间应力,提高 MEMS 结构的可靠性。

利用具有梯度热膨胀系数的复合材料结构进行异质材料结构连接[26-27],可以有效减轻异质材料结构热应力。许多学者对功能梯度材料的热应力进行了研究,包括 W/ODS 铁素体钢[28]、SiC/C[29]、Ti_6Al_4V/DLC[30]、W/Cu[31-32] 等。Yousefiani 等[6-7]设计了一种热膨胀系数梯度变化复合材料,该材料两个表面的热膨胀系数分别与所连接表面的热膨胀系数相同,主要应用于设计火箭发动机中的喷油室连接结构,如图 1.1 所示。为了验证这一设计,采用金属沉积或粉末冶金等积层制备方法制备了梯度热膨胀系数层状复合预制件,并对其进行了强化和热处理,制备出了具有梯度热膨胀系数的复合坯料,验证了该方案的可行性。

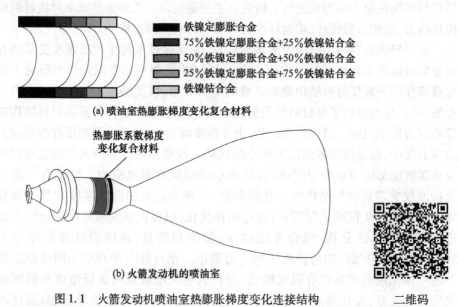

图 1.1 火箭发动机喷油室热膨胀梯度变化连接结构

二维码

Dang 等[5]设计了具有渐变热膨胀系数的异质材料结构连接器,其用于防止精密光学组件中透镜的热应力失调。其结构如图 1.2 所示,红色环为具有渐变热膨胀系数的连接器。该连接器材料包括多个薄的复合材料层,每层具有与其相邻两层略有不同的热膨胀系数,热膨胀系数在垂直于异质材料结构的方向上逐渐变化。该连接器可以有效减小透镜的热应力,进而减小热失配引起的变形,提高光学组件的探测精度。

国内也有许多学者通过结构优化设计,得到了结构较优的功能梯度结构,其最大热应力显著减小。彭新珏[33]等研究了具有双层黏结层的热障涂层,包括氧化层和孔隙层,如图 1.3 所示。通过控制粉末的压力,得到不同孔隙率的孔层,从而得到不同热膨胀系数的孔隙层,实现热障涂层的热膨胀系数梯度变化,降低了各层之间的热膨胀系数差值,有效提高热障涂层的抗热冲击性能,延长材料使用寿命。但是该类涂层制备工艺复杂,制备过程要求高,中间层材料抗氧化性不稳定,并且孔隙率对热膨胀的调节作用比较微弱,孔隙率过大将导致结构中裂纹较大,对热障涂层寿命存在较大的恶性影响。明宪良等[34]针对新一代航天系统的异质材料结构热应力集中问题,采用激光选区熔化增材制造技术,通过多路同步送粉实时混合,实现不同配比的 Mn-Cu/Fe-Ni 异种材料粉末实时混合同步送进精确可控,实现梯度热膨胀系数过渡连接,使得热应力均匀化,极大地提高整体结构的热稳定性。虽然,这类梯度热膨胀异质材料结构连接结构可以有效地降低热应力集中。但是,其在温度变化时仍然会产生弯曲变形,如果弯曲变形被刚性限制,还是会产生不可忽略的热应力。

图1.2 精密光学组件中的渐变热膨胀系数连接结构　　二维码

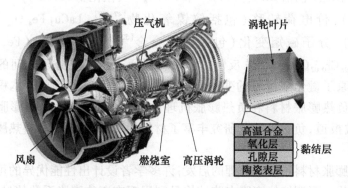

图1.3 航空发动机涡轮叶片的热障涂层　　二维码

采用双材料点阵连接异质材料结构,通过设计几乎可以完全消除因热失配引起的热应力。Toropova 设计了一种各向异性的双材料三角形点阵实现异质材料结构的连接[35]。该双材料点阵可以实现各向异性的热膨胀系数,其等效热膨胀系数由三角形的底角大小和两种材料的热膨胀系数比决定。随后,Toropova 推导了该点阵三个方向上等效热膨胀系数的计算公式[36-38],利用这些方程为异质材料结构连接的每个点阵设计合适的结构参数,使得点阵连接节点的等效热膨胀系数与异质材料结构界面处的热膨胀系数相等。从而异质材料结构的热失配变形得到调节,减小了异质材料结构的热应力,并通过单排和双排点阵异质材料结构连接案例设计演示了该方法的可行性。

综上所述,目前主要通过结构几何参数的设计、梯度热膨胀复合材料和双材料三角形点阵减小异质材料结构的热应力集中。在异质材料结构设计的初期,通过合理的几何参数选择和改变层的排列,可以有效减小热应力集中。采用梯度热膨胀多层复合材料,从根本上减小结构的热膨胀差异,可以使结构中的热应力分布更为均匀,但是梯度热膨胀复合材料的制备工艺复杂,当前的加工手段难以实现。而双材料热膨胀结构可以实现热膨胀系数的连续调节,通过双材料热膨胀结构来实现异质材料结构的热膨胀梯度连接具有很强的实践意义,其可以有效减小热失配应力。

1.3.2 可调控热膨胀点阵结构

大多数材料具有正的热膨胀系数,为了可以实现热膨胀的调控,研究人员对负热膨胀材料进行研究,发现了多种负热膨胀机理。负热膨胀材料是一种随温度升高表现出收缩变形的材料。其主要通过温度上升引起材料分子间距的改变,从而导致整个材料在宏观上表现出反常的热膨胀。按照微观机理可以分为以下几种类型:柔性分子网络(包括 $ZrP_{2-x}V_xO_7$[39]、ZrW_2O_8[40]、氰化物 $Cd(CN)_2$[41-43]、氟化物[44-46]等)、价电荷转移(包括铋镍氧化物[47-48]、$LaCu_3Fe_4O_{12}$[49]、$YbGaGe$[50-51]等)、分子磁矩变化(包括因瓦合金[52]、YMn_2[53]、$La(Fe,Si,Co)_{13}$[54]、$MnCo_{0.98}Cr_{0.02}Ge$[55])等。反常热膨胀材料通过原子或分子之间的热激发作用,产生原子键角或键长的变化,从而在宏观上表现出反常的体积变化。目前,新的负热膨胀材料和负热膨胀机理被不断发现,更大负热膨胀系数的材料不断被报道,负热膨胀的研究丰富了材料的种类,拓展了材料热膨胀系数的范围。

受到反常热膨胀材料热变形机理的启发,许多学者设计出性能优异的可调控热膨胀点阵结构。可调控热膨胀点阵结构是利用现有正热膨胀系数的材料,引入空白相,通过结构构型设计,使得空白区域可以容纳结构的正热膨胀变形,从而在关键节点处实现所设计的热膨胀。可调控热膨胀点阵主要分为拓扑优化结构、弯曲主导型点阵结构和拉伸主导型点阵结构。

1. 拓扑优化点阵

随着拓扑优化技术的发展,利用两种正热膨胀材料(两种材料的热膨胀系数不同)和空白相,在满足特定约束的条件下,利用拓扑优化技术设计出满足热膨胀系数要求的结构[56-57]。Sigmund等通过拓扑优化技术,利用一种高热膨胀系数材料、一种低热膨胀系数材料和空白相设计出可以实现高热膨胀、零热膨胀和负热膨胀的二维多材料拓扑微结构,如图1.4(a)和(b)所示。

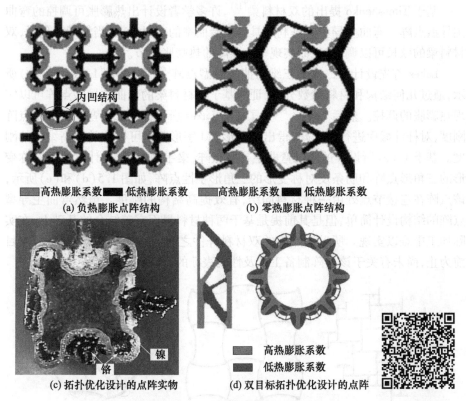

图1.4 基于拓扑优化的可调控热膨胀点阵

在图1.4(a)中,当温度升高时,内凹的微结构在两种材料相界面处发生弯曲变形,并进一步内凹,从而实现负热膨胀。Liu[58]等也利用拓扑优化技术设计出具有零热膨胀的微结构,并利用有限元方法验证了所设计结构的有效性。Oruganti[59]等使用激光熔化金属粉末,利用直接金属沉积制造工艺,制备了由镍、铬两种材料构成的拓扑优化点阵,如图1.4(c)所示。通过实验验证,其可以实现负热膨胀,但是其只在较低的温度可以实现负热膨胀。程耿东等[60-61]以大刚度和低热变形为优化目标,采用移动渐近线方法进行全局优化,对不同结构实例进行拓扑优化,如图1.4(d)所示,研究了不同支持形式、温度变化和减重比对拓扑优化材料分布的影响。结果表明,热膨胀与高刚度双目标拓扑优化的结果,在保证结构刚度不显著减小的同时,可以使整体结构的热变形大幅减小。拓扑优化的方法通过控制双材料与空白相的分布,在保证结构力学性能的条件下,实现大范围的正、负和零热膨胀系数;但是其复杂的微观材料分布,产生复杂的多相材料连接界面,导致拓扑优化设计的点阵结构制造工艺困难。

2. 弯曲主导型点阵

基于 Timoshenko 提出的双材料梁[15],许多学者设计出热膨胀可调控的弯曲主导型点阵。弯曲主导型点阵利用具有初始曲率的双材料梁,当温度变化时,双材料梁的弦长可以调节,从而实现整个点阵的热膨胀调节。

Lakes 首先设计了二维和三维弯曲主导型点阵[62-63],如图 1.5(a)~(c)所示,通过几何结构和材料参数分析,证明基于双材料梁的弯曲主导型点阵可以实现热膨胀的调控。然后 Leman[64] 为了提高 Lakes 所设计的二维弯曲主导型点阵刚度,对杆件截面进行了优化,得出 T 字形和 I 字形截面可以有效提高结构的刚度。基于 Lakes 所设计的二维弯曲主导型点阵,梁宇静[65-66] 设计出肋条对称变形的三角形点阵和肋条反对称变形的三角形手性点阵,如图 1.5(d)和(e)所示,该点阵在连接节点处由一种材料固结,有效提高结构的刚度。虽然弯曲主导型点阵的结构设计简单,但是其前提是基于两种材料界面完美结合的基础上,在实际加工中难以实现。所以该点阵的双材料杆件之间的连接是制备的关键,到目前为止,尚未有关于该点阵制备工艺及性能表征的研究报道。

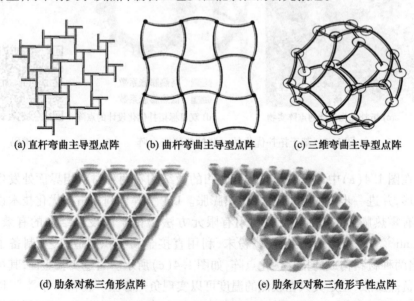

(a) 直杆弯曲主导型点阵　　(b) 曲杆弯曲主导型点阵　　(c) 三维弯曲主导型点阵

(d) 肋条对称三角形点阵　　(e) 肋条反对称三角形手性点阵

图 1.5　弯曲主导型点阵结构

此外，Jefferson[67]提出了一种内外嵌套晶格的混合结构，其结构如图1.6所示。连续的蜂窝状结构由热膨胀系数较低的材料制成，中间插入结构为热膨胀较大的材料。随着结构温度的升高，插入结构比蜂窝体热变形量大，从而推动与之相连接蜂窝表面弯曲，进而实现负热膨胀。通过设计，使其在整个热机械载荷工况下，双材料结构之间处于无缝连接状态，只需要将插入结构与蜂窝结构过盈配合，降低了双材料界面的黏结要求。

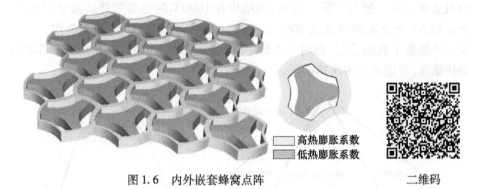

图1.6　内外嵌套蜂窝点阵　　　　　　　　二维码

3. 拉伸主导型点阵

1）拉伸主导型点阵结构设计

拉伸主导型点阵主要是指利用一种材料的热膨胀变形推动另一种材料产生角度旋转实现负热膨胀。Miller[68]最早提出了可实现负热膨胀的双材料三角形点阵结构。如图1.7(a)所示，组成三角形点阵的材料都具有正热膨胀系数，底边杆件的热膨胀系数较大，杆件之间采用铰链连接。点阵底边杆件的热膨胀变形会使三角形的高度减小，而斜边杆件的热膨胀会导致高度增大，三角形点阵的高度是上述两种热膨胀变形竞争的结果。合理设计结构的几何参数，可以实现高度方向的热膨胀调控。通过对该结构的热膨胀特性分析，得到了热膨胀系数的解析表达式。该结构可以实现极大的负热膨胀系数，并且该三角形结构可以作为基本单元来设计更为复杂的负热膨胀结构。双材料三角形点阵结构为拉伸主导型点阵的设计提供了理论与结构上的指导。同一时期，Stteves[69-70]等提出了一种低热膨胀、大刚度的双材料二维平面点阵。如图1.7(b)所示，该平面点阵是由三个三角形单元组成的六边形点阵。通过理论分析，推导了其等效热膨胀系数的解析表达式，并分析了其力学性能，最后，分别通过有限元仿真和实验，验证了理论分析的有效性。该点阵由三角形桁架结构构成，其结构比刚度大。Grima等[71]研究了双材料三角形点阵焊接结构的热膨胀规律。利用有限元方法分析了两种材料的刚度比对点阵的热膨胀性能的影响。结果表明，两种材料的刚度比对点阵的热膨胀性能有很大影响，并且焊接结构的负热膨胀小于铰链连接。因此,在设计由这两种材料制成的结构时,考虑所用材料的热膨胀特性和相对刚度非常重要。进一步,Grima 等[72]研究了由三种不同材料构成的三角形周期性网格,通过理论推导,给出了不同方向的热膨胀系数计算方法,结果表明,该结构在不同方向具有不同的热膨胀系数。基于 Stteves 提出的双材料多边形结构,Rhein 等[73]提出了一种适用于高温结构的双金属低热膨胀结构,该结构是由 Co 合金和 Nb 合金组成的双金属点阵。通过有限元仿真,该结构在 1000℃时的等效热膨胀分别比 Co 合金和 Nb 合金的热膨胀低 20% 和 90%。最后,以 Co 和 Nb 基合金作为双金属点阵制备了高温涂层,并对其进行了测试,结果表明,该点阵在高温下具有低的热膨胀,并能承受多次热循环。

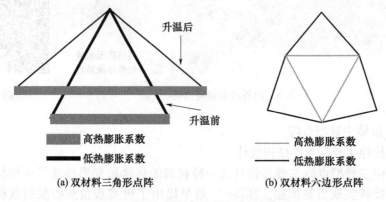

图 1.7　双材料三角形点阵结构示意图

Lim[74]提出一种各向异性的负热膨胀点阵,如图 1.8(a)所示。该点阵由不产生热膨胀的十字形中心杆件和正热膨胀的杆件单元构成。文中分析了正热膨胀杆的角度与等效热膨胀系数的关系,通过分析表明,该结构可以实现各向异性的热膨胀。Zhu 等[75]提出了由人字形结构构成的二维点阵,如图 1.8(b)所示,该结构与 Lim 提出的点阵比较类似。文中给出了该点阵的热膨胀规律,并分析了多级结构可以进一步扩大热膨胀范围。理论上,该结构可以实现的热膨胀系数极大。这项研究为开发温度敏感器件提供了可能。Ai[76-77]等基于 3D 打印技术,设计并分析了四种金属超材料,如图 1.8(c)所示。采用周期边界条件的有限元模拟,详细研究了各参数对有效泊松比、热膨胀系数、杨氏模量、剪切模量和相对密度的影响。结果表明,所设计的超材料具有可调节的热膨胀和泊松比。

   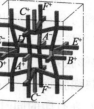

(a) 各向异性点阵　　(b) 人字形结构构成的点阵　　(c) 双金属超材料　　　二维码

图1.8　拉伸主导型可调控热膨胀点阵示意图

2) 拉伸主导型点阵制备

基于三角形点阵单元,韦凯等[78-79]设计了多种周期性平面点阵,并分析了其热膨胀和双轴刚度。通过燕尾槽过盈配合制备了双材料平面点阵,如图1.9(a)所示,并利用数字图像相关法测量了结构的热膨胀系数。结果表明该点阵可以实现热膨胀调控,并且克服了焊接或黏结的连接缺陷。随后,韦凯[80]利用双三角形结构,在实现负热膨胀的同时,实现了负泊松比。从理论上分析了点阵的热膨胀系数和泊松比的解析表达式,并通过仿真分析表明,合理选择热膨胀系数比、几何角度,可以实现大的负热膨胀和负泊松比。此外,韦凯[81]利用所设计的周期平面点阵进行弯曲,设计了可调控热膨胀圆柱形壳体。

 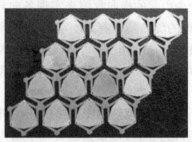

(a) 对三角形点阵　　　　　(b) 低热膨胀薄膜

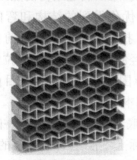 

(c) 超声焊接点阵　　　　　(d) 3D打印的点阵

图1.9　拉伸主导型点阵实物图

Gdoutos 等[82]利用激光焊接的方法制备了低热膨胀的平面点阵,如图 1.9(b)所示。该点阵结构与 Stteves 提出的结构类似,外部为钛框架,内部为铝质三角形板,并通过激光焊接三个连接点。利用数字图像相关和红外摄像机对样品进行测量,其等效热膨胀系数为 $2.6 \times 10^{-6}/℃$,实现了低热膨胀。这些点阵可用于制备大面积低热膨胀薄膜。Parsons 等[83]利用超声3D打印技术,制备出相间隔的钛、铝层合板,在打印的同时利用超声焊接将层合板焊接起来,然后利用线切割制造出所设计的点阵单元,如图 1.9(c)所示。利用数字图像相关法测量每个样品的热膨胀系数,其热膨胀范围为 $14 \times 10^{-6}/℃$ 到 $17.1 \times 10^{-6}/℃$。Qu 等[84]利用灰度激光光刻技术制作了三维双材料聚合物点阵,如图 1.9(d)所示。在不同温度下,拍摄样品的光学显微镜图像进行互相关分析,得到结构变形的位移矢量场。结果表明,双材料梁的热膨胀弯曲导致结构的交叉旋转。这种旋转可以抵消结构的正热膨胀,从而实现近零的热膨胀系数或者负热膨胀系数。

此外,Kelly[85]利用泊松比效应实现负热膨胀。其结构包括一根具有低热膨胀系数的细杆和高热膨胀系数材料制成的方形框架,细杆固定在框架上。当温度升高时,框架的热膨胀比细杆的热膨胀变形大,使细杆受到拉伸。考虑到材料的泊松效应,这种拉伸将导致细杆横向收缩,从而实现负热膨胀。该方法通过热膨胀和由应变引起的横向收缩来实现各向异性负热膨胀,在最大结构应力的限制下,其获得的负热膨胀有限。李晓文[86]等设计了一种 I 型双材料杆蜂窝结构,双材料杆采用嵌锁组装,可以缓解双材料焊接带来的应力集中。通过理论分析,该结构可以实现零/负热膨胀。其结构设计巧妙,为其他结构的设计提供了新思路。

综上所述,可调控热膨胀点阵的相关研究较为成熟,已经提出了多种可调控热膨胀点阵构型,可以根据已有基本结构及其热膨胀计算公式,设计出满足性能需求的点阵结构。但是,现有的制备工艺难以满足结构的加工需求,尤其是异质材料结构的连接问题。特别是拓扑优化得到的结构和弯曲主导型结构,其异质材料结构的连接问题非常突出。拉伸主导型点阵目前主要通过铰链连接,可以降低制备的难度,许多学者已经制备出性能较好的拉伸主导型点阵,并通过实验证明该结构可以实现较大范围的热膨胀。但是目前的拉伸主导型点阵几乎都是基于三角形单元,结构基本单元种类比较单一。此外,对于三角形单元,要实现大的负热膨胀,三角形底角就非常小。考虑杆件的宽度,底角过小将导致杆件之间的干涉,从而实际上不能达到理论上的负热膨胀。因此需要进一步发展新的可调控热膨胀单元,进一步丰富可调控热膨胀点阵构型,扩大热膨胀调节范围。

1.3.3 热膨胀系数测量方法

热膨胀是表征固体结合力、能带、晶体结构和可调控热膨胀点阵设计的重要参数。为了测量材料的热膨胀系数,学者们已经开发了许多热膨胀测量的实验装置[87],按照原理可以分为 X 射线测量法[88-89]、应变片测量法[90-91]、电磁热膨胀测量法[92]、电容测量法[93-94]、干涉测量法[95-96]、激光散斑干涉法[97-99]、电子散斑干涉法[100-101]、数字图像相关法[70,78,83]、云纹干涉法[102]、光纤热膨胀测量法[103]等。

X 射线测量法通过检测材料微观的晶格常数变化测量材料的热膨胀系数。当温度升高时,平行于晶体表面的原子层间的垂直距离增大。利用布拉格散射定律,可以测得原子层之间的距离,进而通过计算可以得到材料的热膨胀系数。应变片热膨胀测量实验装置与测量应变的方法相同,通过补偿应变片的热输出应变,进行校准,就可以用来测量材料的热膨胀。但是应变片热膨胀测量法需要将应变片黏结在样品表面,并且必须保证应变片与待测样品表面良好地贴合,操作依赖于经验。这两种方法主要用来测量单一实体材料的热膨胀系数,其不适用于双材料可调控热膨胀点阵的热膨胀测量。

电磁热膨胀测量法是基于两个直径相同且线圈匝数相同的扁平线圈之间的磁感应影响现象[92]。其中一个线圈固定在绝缘水平支架上,另一个移动线圈缠绕在绝缘圆筒上,两个线圈相互平行。当样品发生热膨胀时,将会导致移动线圈与固定线圈的距离变化。通过数据处理,可以得到样品的热膨胀系数。该电磁热膨胀装置可分辨样品热变形的测量精度为 $5~\mu m$,热变形灵敏度为 $10^{-4}~\mu m$。电容热膨胀测量法是利用样品长度的变化引起电容极板之间的相对位移,导致电容的变化,从而可以测量结构的热膨胀变形[93-94]。据报道,电容测量装置的准确度为 4%,热变形灵敏度为 $10^{-8}~\mu m$。这两种方法对微小位移灵敏度极高。随着电子检测技术的发展,这两种方法的灵敏度越来越高。

激光干涉测量法、激光散斑干涉法、电子散斑干涉法、数字图像相关法、云纹干涉法、光纤热膨胀测量法的测量精度都比较高,其中最常用的热膨胀测量方法是激光干涉测量法和数字图像相关法。下面主要介绍这两种测量方法。

激光干涉测量法是利用激光干涉法测量热膨胀产生的位移,然后通过计算得到样品的热膨胀系数,其测量精度极高[95-96]。Wolff 等[95-96]设计了一种双迈克尔逊激光干涉仪,其测量原理如图 1.10 所示。采用双端同时测量,样品放置在两个反射镜之间,激光束被分束器分成两束,经过样品两端的反光镜将入射的激光反射回去,通过光路反射与入射光形成干涉。当温度变化时,样品的热变形推动反射镜移动,从而使得干涉条纹发生变化,根据干涉条纹的改变,进而计算出样品的热膨胀。为了减小测量误差,一般通过激光相位调制技术提高干涉系统对振动噪声的抗干扰能力。Tompkins 等[104]研制了一种高精度菲索型激光干涉膨胀计系统,其测量分辨率约为一个微应变。Watanabe 等[105]研制了一种激光干涉热膨胀计,该膨胀计由双光路外差干涉仪、光谱带辐射温度计和带碳复合加热器的真空室组成,可以实现 1300～2000K 温度范围内高温固体的热膨胀测量。通过实验发现,样品重定位过程对测量的重复性有很大影响。Drotning 等[106]研制的高精度激光干涉膨胀仪,通过增加独立的加热室,减少对仪器光学部分的热影响;此外,采用独立测量样品架倾斜度,进行倾斜误差校正,可显著提高测量精度。该测量方法对样品的形状和大小没有限制,可以用于测量异形零件的高精度热膨胀。

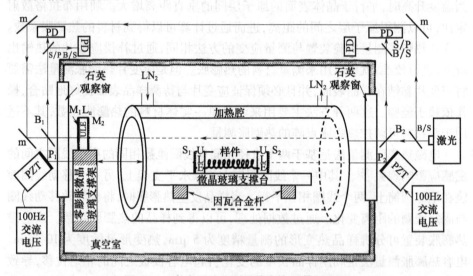

图 1.10　激光干涉法测量热膨胀系数原理图

中国计量科学研究院[107]研制的高精度材料线膨胀系数测量装置,采用激光干涉法测量被测件热变形,通过热平衡式干涉镜,利用空气折射率修正和零位误差补偿技术,保证激光干涉仪的测量精度。杨新圆[108]基于中国计量科学研究院研制的测量装置,研究了干涉信号漂移、光学元件热膨胀、温度场梯度、升温速率和升温步长等因素对测量结果的影响,并提出改进措施。范开果[109]在中国计量科学研究院设计的激光干涉法测量装置的基础上,将测量温度范围扩大,最终实现了从 240K 到 1200K 的测量。孙建平等[110-111]研制了一种分辨率优于 1nm 的高精度激光干涉热膨胀仪,并开发了修正漂移的方法,以确保器件的稳定性在 1nm 以内,克服了单频干涉零点漂移。

数字图像相关法通过高分辨率相机捕捉测试样品的数字图像,通过对比变形前后捕获的高分辨率图像,得到全场热变形,进而计算不同位置的热膨胀系数[112-113]，如图 1.11 所示。Wang 等[114]利用高速相机，采集多幅图像进行平均来降低图像的噪声水平；在烘箱一侧增加气动装置，消除加热炉的热气流扰动对采集图像的畸变影响，大大减小测量误差。通过高分辨率数字图像相关法，测量了薄膜样品的微小热变形，验证了该方法的有效性。Jiang 等[115]基于数字散斑相关理论，采用双线性插值算法测量热变形，并研究了增加滤光片和窗口大小对测量精度的影响。最后，对所提出的方法和传统方法的测量结果进行了对比，并对影响测量误差的因素进行了分析。Pan 等[116]研究了刚体转动对数字图像相关法测量热膨胀的影响，给出了消除这种影响的方法，并利用该方法测量并计算了纯铜样品的热膨胀系数，验证了该方法的有效性和准确性。进一步，Pan 等[117]系统地分析了二维数字中心、立体数字中心和数字视频编码中的成像模型，解释了这些热误差产生的机理，并提出了三种减小误差的方法，其中参考样品补偿法的实用性更好。Jian 等[118]采用图像平均法对样品表面进行高质量成像，避免不同温度下空气折射率变化对测量的影响。采用基于梯度的 DIC 技术从校正后的图像中提取全场平面内热变形，并通过实验测量了 45#钢试件的热变形场和热膨胀系数，验证了该方法的有效性和准确性。Chi 等[119]采用单镜头和四个反射镜实现了立体图像采集，消除了传统双相机烦琐的相机同步和冗余电缆，从而使建立的立体 DIC 系统紧凑、便携、低成本。此外，利用单色蓝光照明和耦合带通滤波器成像，提高系统对环境光变化的鲁棒性，并将该系统应用于氧化铝陶瓷板和不锈钢板在辐射加热下的热变形测量，验证了该系统的实用性。

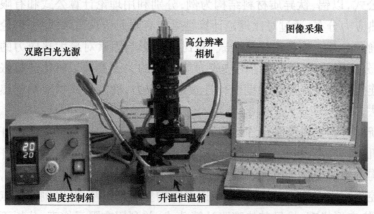

图 1.11　数字图像相关法测量热变形示意图　　　　二维码

综上所述，虽然热膨胀测量装置多种多样，可以实现大范围、高精度的热膨胀系数测量。但是常见的是用于标准细杆的热膨胀测量，不适用于异形结构的热变形测量。激光干涉法和数字图像相关法已经被报道可应用于异形样件热膨胀测量。激光干涉技术利用干涉条纹的变化高精度地测量热变形，但是激光干涉条纹图对环境的振动非常敏感，并且样件和激光之间的微位移会引起不可忽略的测量误差。数字图像相关法是可调控热膨胀点阵使用最多的测量方法，其精度高，并且可以实现全场位移测量。但是数字图像相关法测量时，结构的加热装置相对比较简单，难以保证样品加热的均匀性；此外，加热带来的空气对流扰动对图像质量有非常大的影响，不利于提高热膨胀的测量精度。所以研究抗干扰能力强的热膨胀测量装置，实现高精度、高鲁棒性的异形零件热膨胀测量需要进一步研究。

1.4 本书的主要内容

异质材料结构热应力均匀化是指利用可调控热膨胀系数点阵，实现异质材料结构的热膨胀系数平缓过渡，使得结构的热应力分布更为均匀，其目的是减小热应力集中。各章节具体内容如下：

第1章为绪论。以防空导弹为对象，阐述异质材料结构热应力均匀化的迫切需求和重大实践意义，综述异质材料结构热应力均匀化的研究现状、可调控热膨胀点阵和热膨胀测量方法的国内外研究现状，分析现有研究存在的问题和不足，概括本书的研究内容、总体思路与组织结构。

第2章为异质材料结构热应力均匀化方法选择。基于Suhir提出的双材料板热应力计算公式，以铝、钛异质材料结构为例，分别利用理论计算公式和有限元仿真计算其热应力分布，通过对比理论计算结果与有限元仿真结果，验证理论计算公式的正确性。基于该理论计算公式，对比不同影响因素对最大热应力的影响规律，通过分析影响异质材料结构热应力均匀化的关键参数。对比热膨胀系数连续变化连接与热膨胀系数梯度变化连接的热应力，确定异质材料结构热应力均匀化方法。

第3章为新型可调控热膨胀点阵构型研究与参数分析。研究双材料复合杆结构的热膨胀机理，推导双材料复合杆的热膨胀计算公式，并给出双材料复合杆的热膨胀与结构参数的变化规律；以双材料复合杆和三角形结构作为基本单元，设计多种可调控热膨胀点阵构型，为构建备选点阵构型库打下基础；以倒梯形点阵为例，分析其热变形机理，推导其热膨胀计算公式，并利用有限元仿真，分析不同参数对倒梯形点阵性能的影响规律。

第4章为材料性能温变对点阵热膨胀系数的影响规律分析。以倒梯形可调控热膨胀点阵为例，利用有限元分析，分别研究材料热膨胀系数和杨氏模量温变对点阵等效热膨胀系数的影响。首先，利用分子动力学模拟，研究晶格间距随温度的变化曲线,得到材料热膨胀系数随温度的变化规律;并利用有限元仿真,研究材料热膨胀系数温变对倒梯形点阵热膨胀系数的影响规律。然后,利用分子动力学模拟,得到材料的杨氏模量随温度的变化规律,并基于材料的微范性理论,对得到的杨氏模量进行修正,利用有限元仿真,研究材料杨氏模量温变对倒梯形点阵热膨胀系数的影响规律。通过研究,为可调控热膨胀点阵的等效热膨胀系数的准确预测提供理论依据。

第5章为倒梯形点阵热膨胀系数测量与误差分析。根据热膨胀测量平台的基本原理,采用高精度、非接触式间隙仪,并通过安装调试,搭建热膨胀测量平台,建立详细的热膨胀系数测量流程,并验证测量平台的有效性;制备倒梯形可调控热膨胀点阵,并利用所搭建的热膨胀测量平台,进行热膨胀系数测量;对测量过程中样件与激光头之间的微位移造成的误差进行分析,提出减小测量误差的措施。

第6章为异质材料结构梯度热膨胀点阵连接设计。根据所确定的热应力均匀化方法,分析异质材料结构点阵连接设计的约束条件;根据第3章的可调控热膨胀点阵构型,构建适用于异质材料结构点阵连接的备选点阵构型库,并计算各点阵的等效热膨胀系数调控范围;建立详细的异质材料结构梯度热膨胀点阵连接设计流程。分别针对竖向零热膨胀和竖向负热膨胀两种情况,计算其设计约束条件,通过对比不同备选点阵的热膨胀调控范围和承载能力,选择最佳的可调控热膨胀点阵,设计各层点阵结构参数并建立异质材料结构梯度热膨胀连接三维模型,通过多体动力学仿真验证所设计结构是否满足设计要求。

第7章为异质材料结构梯度热膨胀点阵连接实验验证。

第 2 章 异质材料结构热应力均匀化方法选择

2.1 引言

针对异质材料结构热应力集中问题,以铝钛异质材料结构为例,建立二维平面异质材料结构模型,利用理论公式计算异质材料结构热应力的分布规律,同时利用有限元仿真计算异质材料结构热应力分布,并将理论计算结果与仿真结果进行对比,验证热应力计算公式的有效性。基于异质材料结构热应力计算公式,分析各参数对异质材料结构界面热应力的影响规律,为异质材料结构热应力均匀化指明方向。最后,将可调控热膨胀点阵作为填充层应用于异质材料结构中,通过有限元仿真分析,对比不同层数的异质材料结构梯度热膨胀连接和异质结构热膨胀连续变化连接的最大热应力,确定异质材料结构热应力均匀化的最优连接方案。

2.2 异质材料结构热应力计算公式验证

2.2.1 热应力计算公式

防空导弹中存在很多异质材料结构,包括光学镜筒的连接部、天线与弹体的连接部等。异质材料结构的温度受环境温度、结构发热和传热的影响,其温度分布并不均匀;其次,异质材料结构除了承受温度载荷,还要受到自身重力、振动、冲击等其他载荷和结构几何约束,其受力条件复杂;最后,异质材料结构一般通过焊接、螺栓、黏合等方式连接,其连接强度较低,属于薄弱环节,容易开裂。本节以二维平面异质材料结构为例,对异质材料结构界面处的应力进行分析。为了简化计算,采用如下假设条件:

(1)假设整个异质材料结构的温度均匀分布,各部位温度相等;
(2)假设结构仅承受温度载荷,不考虑其他载荷和约束的影响;
(3)假设异质材料结构连接强度足够,不会开裂、失效。

如图 2.1 所示为平面异质材料结构连接模型,上层为热膨胀系数较小的材料1,其热膨胀系数为 α_1,高度为 h_1;下层为热膨胀系数较大的材料2,其热膨胀系数为 α_2,高度为 h_2;并且 $\alpha_1 < \alpha_2$,上下两层的长度一半为 l。

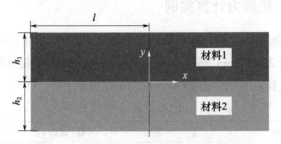

图2.1 平面异质材料结构连接示意图

在自由膨胀的情况下(上下两层不连接),当温度升高 ΔT,上层的热应变为 $\varepsilon_1 = \Delta T \alpha_1$,下层的热应变为 $\varepsilon_2 = \Delta T \alpha_2$,此时,异质材料结构之间没有热应力。然而,当上下两层相互连接时,就会导致层间存在约束限制,要求界面处的变形量必须保持一致。此时,上层界面受到拉伸剪切力 T,下层界面受到压缩剪切力 T'。另外,对于上下两层板,界面剪切力都不作用在各层板的几何中心,两层板都是偏心受力,因此,上下两层板都会发生弯曲变形。由于上下两层板的抗弯刚度并不相同,所以两者的曲率半径不同。但是,由于层间约束限制,要求上下两层的弯曲变形必须相等,因此,层间还存在使界面分离的法向剥离力。

针对该双层板模型,Suhir 通过推导发现其界面层间剪切应力 $\tau(x)$ 和剥离应力 $p(x)$ 满足以下微分方程[19]:

$$\tau^{(6)}(x) - (1+\eta)k^2 \tau^{(4)}(x) + 4\alpha^4 \tau''(x) - 4\alpha^4 k^2 \tau(x) = 0 \tag{2.1}$$

$$p^{(6)}(x) - (1+\eta)k^2 p^{(4)}(x) + 4\alpha^4 p''(x) - 4\alpha^4 k^2 p(x) = 0 \tag{2.2}$$

微分方程(2.1)与(2.2)有相同的特征方程,其计算式为

$$\beta^6 - (1+\eta)k^2 \beta^4 + 4\alpha^4 \beta^2 - 4\alpha^4 k^2 = 0 \tag{2.3}$$

其中:

$$\eta = 3 \bigg/ \left(1 + \left(\frac{2h\sqrt{D_1 D_2}}{h_1 D_2 - h_2 D_1}\right)^2\right), \alpha = \sqrt[4]{\frac{KD}{4D_1 D_2}}, K = \sqrt{\frac{\lambda}{\kappa}} \tag{2.4}$$

D_1、D_2 分别为上下板的抗弯刚度,h_1、h_2 分别为上下板层的厚度,$D = D_1 + D_2$ 为双材料板的总抗弯刚度,$h = h_1 + h_2$ 为双材料板的总厚度。K 为双材料板的弹簧常数。λ、κ 分别为总界面柔度和总平面柔度。

利用边界条件,对微分方程进行求解,最终可以得到[19]:

$$\tau(x) = C_1 \sinh\beta_1 x + C_3 \cosh\gamma_1 x \sin\gamma_2 x + C_5 \sinh\gamma_1 x \cos\gamma_2 x \tag{2.5}$$

$$p(x) = C_2 \cosh\beta_1 x + C_4 \cosh\gamma_1 x \cos\gamma_2 x + C_6 \sinh\gamma_1 x \sin\gamma_2 x \tag{2.6}$$

其中,β_1、γ_1、γ_2 与微分方程的特征根有关,C_1、C_3、C_5 与 C_2、C_4、C_6 都为待定

系数,其具体的计算与推导过程详见 Suhir 的论文[19]。

2.2.2 热应力计算实例

以铝、钛双金属异质复合板为例进行热应力的计算。假设双金属异质材料结构的总长度为 $2l=40\text{mm}$,高度 $h_1=h_2=5\text{mm}$。温度变化量 $\Delta T=100℃$。经查手册[120-121],铝、钛两种材料性能参数如表 2.1 所示。

表 2.1 钛和铝合金的性能参数

属性	符号	钛(材料1)	铝(材料2)
热膨胀系数/($\times 10^{-6}/℃$)	α	8.6	23.1
杨氏模量/GPa	E	105	69
泊松比	v	0.33	0.33

根据表 2.1 中的材料性能参数和双材料板的几何参数,通过计算可以得到双材料板的抗弯刚度 D_1 和 D_2、弹簧常数 K、总界面柔度 κ 和总平面柔度 λ。将计算所得的参数代入特征方程中,那么特征方程可以简化为

$$\beta^6 - 1.608\times 10^5 \beta^4 + 1.92\times 10^{10}\beta^2 - 2.98824\times 10^{15} = 0 \tag{2.7}$$

通过特征方程的求解可以得到:

$$\beta_1 = 398.202$$
$$\gamma_1 = 263.052 \tag{2.8}$$
$$\gamma_2 = 260.919$$

将式(2.8)的计算结果代入式(2.1)、式(2.2),则剪切应力和剥离应力的计算表达式为

$$\tau(x) = C_1 \sinh 398.202x + C_3 \cosh 263.052x \sin 260.919x$$
$$+ C_5 \sinh 263.052x \cos 260.919x \tag{2.9}$$

$$p(x) = C_2 \cosh 398.202x + C_4 \cosh 263.052x \cos 260.919x$$
$$+ C_6 \sinh 263.052x \sin 260.919x \tag{2.10}$$

然后根据 Suhir 论文中给出的待定系数计算公式,计算各待定系数,其结果如表 2.2 所示。

表 2.2 微分方程待定系数计算

C_1	C_3	C_5	C_2	C_4	C_6
-5.7318×10^{-4}	-2.7272×10^{-5}	1.2728×10^{-6}	5.1117×10^3	-9.751×10^6	2.8448×10^6

将所计算得到的微分方程系数代入式(2.9)、式(2.10),通过整理可以得到剪切应力和剥离应力的解析表达式:

$$\tau(x) = -5.7318 \times 10^4 \times \sinh351.007x - 2.7272 \times 10^5 \times \cosh313.958x\sin282.441x$$
$$+ 1.2728 \times 10^6 \times \sinh313.958x\cos282.441x \qquad (2.11)$$
$$p(x) = 5.1117 \times 10^3 \times \cosh351.007x - 9.751 \times 10^6 \times \cosh313.958x\cos282.441x$$
$$+ 2.8448 \times 10^6 \times \sinh313.958x\sin282.441x \qquad (2.12)$$

根据式(2.11)和式(2.12),计算双材料异质结构界面的剪切应力和剥离应力沿板长度方向的分布。利用计算所得到的应力数据,分别绘制剪切应力和剥离应力沿双材料板长度方向的分布曲线,如图2.2和图2.3所示。

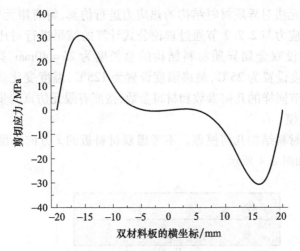

图2.2 异质材料结构界面剪切应力的分布规律

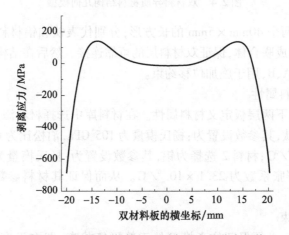

图2.3 异质材料结构界面剥离应力的分布规律

由图2.2可以看出,剪切应力关于异质材料结构界面中心点对称。剪切应力在双材料板中心处和两端均为零。当$x \approx \pm 16$mm时,界面处的剪切应力取得最大值,此时最大应力值约为31MPa。

图2.3给出了铝钛异质材料结构界面的剥离应力沿长度方向的变化曲线,由剥离应力曲线可以看出,剥离应力关于y轴对称,为偶函数。在双材料板对称中心处剥离应力为0;由中心到两端,剥离应力先增大再减小;剥离应力在两端达到最小,其最小值约为 -680 MPa。

2.2.3 热应力仿真验证

利用有限元法对异质材料结构的热应力进行仿真,将有限元仿真得到的异质材料结构热应力与2.2.2节通过理论公式计算的结果进行对比,验证理论公式的有效性。设双金属异质材料结构的总长度为 $2l = 40$mm,高度 $h_1 = h_2 = 5$mm。初始温度设置为25℃,最终温度设置为125℃,温度变化量 $\Delta T = 100$℃。保证与2.2.2节同样的几何参数和材料参数,按照有限元仿真的步骤进行计算。

1. 几何建模

建立异质材料结构几何模型。不考虑双材料板的 z 方向厚度,建立二维平面几何模型,如图2.4所示。

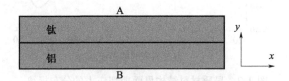

图2.4 双材料异质材料结构几何模型

首先创建两个 40mm×5mm 的长方形,分别代表钛和铝材料层。两个长方形紧密连接,形成联合体,保证双材料层的可靠连接。然后在结构的上下表面中点创建两个点 A、B,用于施加位移约束。

2. 定义材料属性

分别为上、下两层板定义材料属性。在材料库中选择材料添加材料到模型,材料1选择为钛,其参数设置为:杨氏模量为 105 GPa,泊松比为 0.33,热膨胀系数为 8.6×10^{-6}/℃;材料2选择为铝,其参数设置为:杨氏模量为 69 GPa,泊松比为 0.33,热膨胀系数为 23.1×10^{-6}/℃。从而保证其材料参数设置与2.2.2节一致。

3. 施加约束

有限元仿真必须保证仿真模型处于静平衡状态,即在没有原动件的情况下,要求仿真模型的自由度为0,所以必须对模型施加约束。考虑到必须保证结构受热自由膨胀,最终所施加约束为:A点固定约束,B点限制 x 方向位移为0。

然后添加温度载荷。在固体机械选项中设置模型为"线弹性材料",然后在线弹性选项上右键选择"热膨胀",赋予整个仿真模型热膨胀属性,其热膨胀系数选择"来自材料"。最后设置参考温度为 25 ℃,最终温度为 125 ℃,使得温度变化量为 100 ℃。

4. 网格划分

对于二维平面结构,一般采用四边形网格。通过映射划分网格,中间部分划分为均匀正方形网格,两边划分为长方形网格。使得中间网格稀疏,两边的网格密集,从而保证两边应力变化剧烈部位的计算精度。

图 2.5 给出了网格划分结果。网格最大尺寸为 0.25 mm,最小尺寸为 0.02 mm。通过网格划分,总共有 13760 个面单元、1112 个边单元和 14 个顶点单元,其最小网格质量为 0.159。并且通过验证,仿真结果与网格划分无关。然后进行有限元仿真求解,可以得到双材料板的应力分布图。

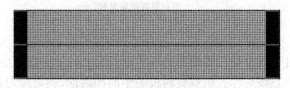

图 2.5 四边形网格划分结果

图 2.6 给出了有限元仿真计算得到的剪切应力分布云图。由仿真结果可以看出,双材料板受热会发生弯曲。其最大应力发生在界面附近,最大拉应力约为 110 MPa,最大压应力约为 -90 MPa。根据有限元计算结果,提取界面处的剪切应力和剥离应力数据,分别绘制剪切应力沿长度方向的分布图和剥离应力沿长度方向的分布图。

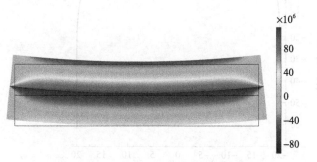

图 2.6 双材料板应力分布图　　　　　　　二维码

由图 2.7 可以看出,双材料板界面剪切应力沿板长度方向的分布曲线关于双材料板中心点对称,其剪切应力在双材料板的中间和两端都为 0,其剪切应力最大值在距离两端较近的区域,最大值约为 58 MPa。对比理论计算与有限元仿真所得的剪切应力曲线,其数值上有一定差异,但是其总体分布趋势相似。

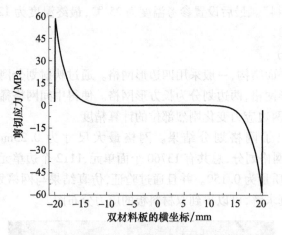

图 2.7　异质材料结构剪切应力分布曲线

图 2.8 给出了双材料板界面剥离应力沿长度方向的分布曲线。剥离应力关于双材料板的中心线对称。由双材料板的中间到两端,剥离应力先增大后减小;其在板的两端达到最小值,其最小值大约为 -62 MPa;其在距离端部附近 $x = \pm 18$ mm 的位置达到最大值,最大值约为 2MPa。对比理论计算和有限元仿真得到的剥离应力曲线,二者在数值上差异很大,理论计算值是仿真值的 10 倍,有很大的数值偏差,但是二者在趋势上变化规律相似。

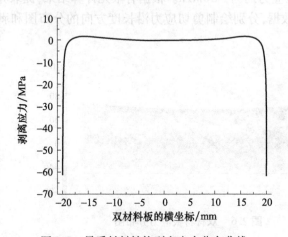

图 2.8　异质材料结构剥离应力分布曲线

为了进一步验证双材料板热应力计算公式的有效性,分别利用热应力计算公式和有限元仿真计算三种不同长度、三种不同厚度比例和三种不同热膨胀系数比的实例,将理论计算结果与有限元仿真结果进行对比。

图2.9给出了三种不同长度的双材料板的热应力理论计算和有限元仿真结果。双材料板的长度分别为40mm、80mm、120mm。可以看出,理论公式计算的剪切应力和有限元仿真的剪切应力数值较为接近,其热应力最大值在端部附近,剪切应力的变化趋势相似;理论公式计算的剥离应力和有限元仿真的剥离应力数值相差很大,但是其变化趋势相似。计算结果表明,在不同长度时,最大剪切应力和最大剥离应力都基本保持不变。

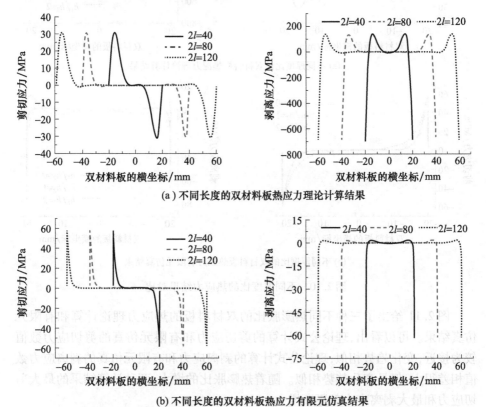

(a) 不同长度的双材料板热应力理论计算结果

(b) 不同长度的双材料板热应力有限元仿真结果

图2.9 不同长度的热应力结果对比

图2.10给出了三种不同厚度比的双材料板的热应力理论计算和有限元仿真结果。可以看出,理论公式计算的剪切应力和有限元仿真的剪切应力数值较为接近,变化趋势相似;理论公式计算的剥离应力和有限元仿真的剥离应力数值相差很大,但是变化趋势相似。其中厚度比为1时,最大剥离应力最大;厚度比为0.5时,最大剥离应力最小。随着厚度比的变化,两种结果的最大热应力的增减变化一致。

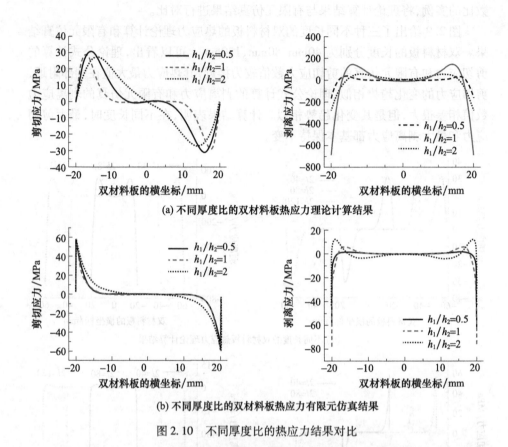

(a) 不同厚度比的双材料板热应力理论计算结果

(b) 不同厚度比的双材料板热应力有限元仿真结果

图 2.10 不同厚度比的热应力结果对比

图 2.11 给出了三种不同热膨胀比的双材料板的热应力理论计算和有限元仿真结果。可以看出,理论公式计算的剪切应力和有限元仿真的剪切应力数值较为接近,变化趋势相似;理论公式计算的剥离应力和有限元仿真的剥离应力数值相差很大,但是变化趋势相似。随着热膨胀比的增大,两种计算结果的最大剪切应力和最大剥离应力都逐渐增大。

通过对比有限元仿真得到的异质材料结构界面应力分布与理论公式计算得到的异质材料结构界面应力分布,可以发现,剪切应力的数值较为接近,剥离应力的数值差别很大,但是二者的分布趋势一致;在长度、厚度比例、膨胀系数比变化时,两种计算方法的最大剪切应力和最大剥离应力的增减变化规律一致,有限元仿真结果验证了理论计算的有效性。所以,可以利用理论公式计算来预测异质材料结构各参数对热应力的影响规律,为减小异质材料结构热应力提供依据。

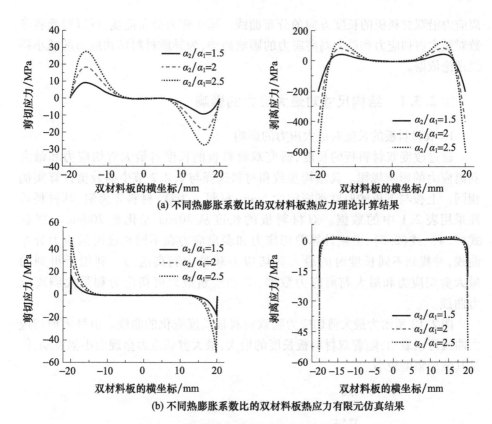

(a) 不同热膨胀系数比的双材料板热应力理论计算结果

(b) 不同热膨胀系数比的双材料板热应力有限元仿真结果

图 2.11 不同热膨胀系数比的热应力结果对比

2.3 异质材料结构最大热应力影响参数分析

本节利用理论计算得到的异质材料结构剪切应力和剥离应力的解析表达式,分析结构尺寸、材料杨氏模量和材料的热膨胀系数对界面应力的影响趋势,进而为异质材料结构应力的减小提供理论依据。利用剪切应力和剥离应力的解析表达式,通过求导分析可以得到其最大值点;再将最大值点代入原解析表达式,可以分别得到最大剪切应力和最大剥离应力的计算公式。但是,由于剪切应力和剥离应力的解析表达式比较复杂,通过导函数分析的方法来求解最大应力的过程极为复杂,所以本节采用数值计算的方法给出各参数对最大应力的影响规律。

基于 2.2.2 节的计算实例,分别改变结构尺寸、材料杨氏模量和材料的热膨胀系数;然后利用剪切应力和剥离应力计算公式计算不同参数下的应力曲线,找到不同参数下的剪切应力和剥离应力最大值,进而绘制最大剪切应力和最大剥离应力沿双材料板的长度方向的分布曲线。基于应力分布曲线,可以得到各参数对最大剪切应力和最大剥离应力的影响趋势,为异质材料结构应力的减小提供理论依据。

2.3.1 结构尺寸对最大应力的影响

1. 双材料板的长度对最大应力的影响

通过改变双材料板的长度,研究双材料板的长度对最大剪切应力和最大剥离应力的影响规律。其结构参数和材料选择与2.2.2节中的数值计算实例相同。上板与下板的厚度都固定为5mm;材料1为钛,材料2为铝,其材料属性采用表2.1中的数据。双材料板的长度从30mm变化到200mm。根据式(2.4)、式(2.5),分别计算剪切应力和剥离应力在不同长度时的应力分布曲线,并找到不同长度时的最大剪切应力和最大剥离应力。利用所得到的最大剪切应力和最大剥离应力数据,分别绘制最大剪切应力和最大剥离应力曲线。

图2.12所示为最大剪切应力随双材料板长度变化的曲线。由最大剪切应力曲线可以看出,随着双材料板长度的增大,最大剪切应力呈现出小幅波动,但是其波动幅度较小。

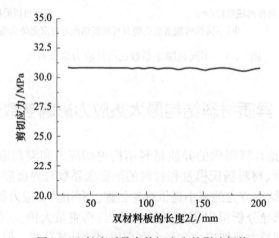

图2.12 长度对最大剪切应力的影响规律

图2.13为最大剥离应力与双材料板长度关系的曲线。由最大剥离应力曲线可以看出,随着双材料板长度的增加,最大剥离应力基本保持不变。综合两幅图的结果可知,随着双材料板的长度从30mm变化到200mm,最大剪切应力呈小幅振荡减小,最大剥离应力基本保持不变。所以在30~200mm的长度范围内,长度的变化对双材料板的最大应力影响不大。

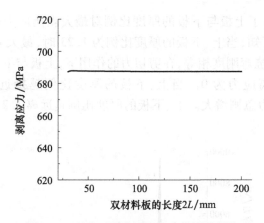

图 2.13　长度对最大剥离应力的影响规律

2. 上下板的厚度比例对最大应力的影响

同样,研究上下板的厚度比例对最大剪切应力和最大剥离应力的影响规律。其结构参数与材料选择与 2.2.2 节中的数值计算实例相同。固定上板的厚度不变,下层板的厚度从 1mm 变化到 25mm,使得上下板层的厚度比例从 0.2 变化到 5。根据式(2.4)、式(2.5),分别计算剪切应力和剥离应力在不同厚度比例时的应力分布曲线,并找到不同厚度比例时的最大剪切应力和最大剥离应力。根据所得到的最大剪切应力和最大剥离应力数据,分别绘制最大剪切应力和最大剥离应力曲线。

图 2.14 给出了上板与下板的厚度比例对最大剪切应力的影响规律。随着厚度比例逐渐增大,最大剪切应力先增大后减小。当厚度比例趋于零时(其中一个板厚度几乎为零),异质材料结构退化为单材料板,剪切应力为 0。当厚度比例为 0.87 时,最大剪切应力达到最大值,约为 31MPa。所以,根据最大剪切应力曲线,为了减小结构的最大剪切应力,双材料板的厚度比例应该偏离 0.87。

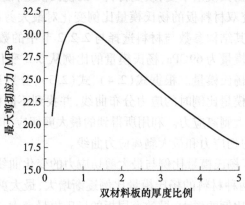

图 2.14　厚度比例对最大剪切应力的影响规律

图 2.15 给出了上板与下板的厚度比例对最大剥离应力的影响规律。由图 2.15 中曲线可知,当上、下板的厚度比例为 1.23 时,最大剥离应力为 0,此时上板与下板的抗弯刚度相等,在剪切力的作用下,上板与下板的弯曲曲率相等,所以层间剥离应力为 0。当上、下板的厚度比例越接近 1.23 且不等于 1.23 时,剥离应力急剧增大。上、下板的厚度比例越远离 1.23,最大剥离应力越小。

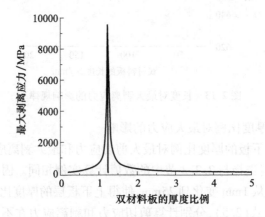

图 2.15 最大剥离应力随双材料板厚度比例的变化规律

综合考虑,当厚度比例接近 0.87 时,剪切应力达到最大;当厚度比例接近 1.23 时,剥离应力非常大;所以厚度比例在 0.87～1.23 时,剪切应力和剥离应力都比较大。要同时获得较小的剪切应力和剥离应力,双材料板的上板与下板的厚度比例的取值应该选择远小于 0.87 或者远大于 1.23。

2.3.2 杨氏模量比例对最大应力的影响

固定材料 2 的杨氏模量不变,改变材料 1 的杨氏模量,使得两种材料的杨氏模量比例变化,研究双材料板的杨氏模量比例变化对最大剪切应力和最大剥离应力的影响规律。其结构参数与材料选择与 2.2.2 节中的数值计算实例相同。那么材料 2 的杨氏模量为 69GPa,杨氏模量的比例从 0.2 变化到 5,两者相乘就可以得到材料 1 的杨氏模量。根据式(2.4)、式(2.5),分别计算剪切应力和剥离应力在不同杨氏模量比例时的应力分布曲线,并找到不同杨氏模量比例时的最大剪切应力和最大剥离应力。利用所得到的最大剪切应力和最大剥离应力数据,分别绘制最大剪切应力和最大剥离应力曲线。

图 2.16 给出了杨氏模量比例与最大剪切应力的变化曲线。由图 2.16 中曲线可以看出,随着两种材料的杨氏模量比例逐渐增大,最大剪切应力逐渐增大。这是由于杨氏模量比例的增大,导致上层板的杨氏模量变大,在热变形差异保持

不变的情况下,需要更大的剪切力使得上、下两层板界面处的变形保持相等,导致异质材料结构界面处的最大剪切应力变大。所以,为了减小结构的最大剪切应力,两种材料的杨氏模量比例越小越好。

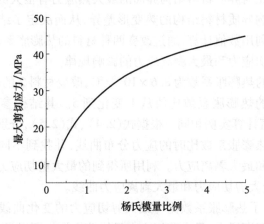

图 2.16　杨氏模量比例对最大剪切应力的影响规律

图 2.17 给出了杨氏模量比例与最大剥离应力的关系曲线。由其关系曲线可以看出,当杨氏模量比例为 1 时,最大剥离应力为 0。这是由于当两种材料的杨氏模量相等时,上层板与下层板的抗弯刚度相等,在剪切力的作用下,二者弯曲曲率相等,所以异质材料结构界面之间没有剥离应力。杨氏模量比例越接近 1 且不等于 1 时,最大剥离应力急剧增大。杨氏模量比例越远离 1,最大剥离应力越小。而在杨氏模量比例大于 1 时,最大剪切应力逐渐增大。综上,要同时获得较小的最大剪切应力和最大剥离应力,双材料板的杨氏模量比例的取值应远小于 1。

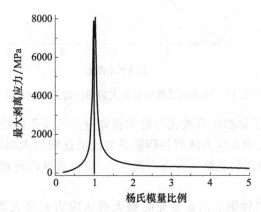

图 2.17　杨氏模量比例对最大剥离应力的影响规律

2.3.3 材料热膨胀系数比对最大应力的影响

热膨胀系数比对异质材料结构界面的最大热应力有很大的影响。热膨胀系数的差值直接影响异质材料结构的热变形差异,从而决定了结构的剪切应力和剥离应力。本节利用数值计算,通过改变两种材料的热膨胀系数比,研究热膨胀系数比对最大剪切应力和最大剥离应力的影响规律。

固定材料1的热膨胀系数为 $8.6 \times 10^{-6}/℃$,改变材料2的热膨胀系数,使得材料2与材料1的热膨胀系数比值从1变化到5。其结构参数和材料选择与2.2.2节中的数值计算实例相同。根据式(2.4)、式(2.5),分别计算剪切应力和剥离应力在不同热膨胀系数比时的应力分布曲线,并找到不同热膨胀系数比时的最大剪切应力和最大剥离应力。利用所得到的最大剪切应力和最大剥离应力数据,分别绘制最大剪切应力和最大剥离应力曲线。

图 2.18 给出了热膨胀系数比与最大剪切应力的变化曲线,可以看出,随着热膨胀系数比的逐渐增大,最大剪切应力呈线性增加。所以,为了减小异质材料结构界面的剪切应力,两种材料的热膨胀系数比越小越好。

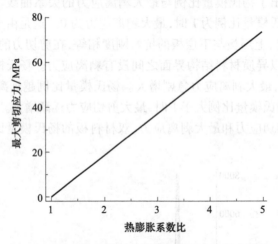

图 2.18 热膨胀系数比对最大剪切应力的影响规律

图 2.19 给出了热膨胀系数比与最大剥离应力的变化曲线,可以看出,异质材料结构界面最大剥离应力随着热膨胀系数比的逐渐增大而线性增大。所以,为了得到较小的异质材料结构界面剥离应力,应该选择两种材料的热膨胀系数比较小。

通过对以上三种影响因素变化时最大剪切应力和最大剥离应力分析,得到了热应力随三种因素的变化趋势,为异质材料结构热应力的减小提供了理论依据。而在防空导弹具体结构设计时,结构的尺寸限制往往较大,并不一定能使得结构尺寸刚好满足剥离应力为零；即使按照剥离应力为零的结构参数进行设计,考虑加工制造误差,零件的加工误差将会导致结构尺寸偏离设计值,也会产生较大的剥离应力。其次,材料的杨氏模量为材料的固有属性,难以改变,只能尽可能选择杨氏模量较小的材料来减小异质材料结构的热应力；但是材料的杨氏模量减小会导致结构的刚性变差,影响防空导弹的动态性能。最后,热应力随着热膨胀系数比线性变化,减小热膨胀系数比可以有效减小结构的热应力集中。但是热膨胀系数是材料的固有属性,仅仅通过改变材料来改变热膨胀系数差异,受到材料种类的限制,灵活性很差。综上,考虑引入可调控热膨胀点阵,通过可调控热膨胀点阵实现异质材料结构界面的热膨胀系数平缓过渡,可以有效减小相邻两层之间的热膨胀系数差值,减小两种材料的热膨胀系数比,进而有效改善结构的热应力集中问题。下面通过有限元分析,研究不同的连接方案对最大热应力的影响,从而选择最优的异质材料结构热应力均匀化方案。

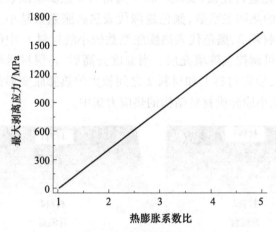

图 2.19　热膨胀系数比对最大剥离应力的影响规律

2.4　异质材料结构热应力均匀化方法对比

　　减小相邻界面之间的热膨胀差值可以有效减小异质材料结构界面处的热应力。引入异质材料结构连接层,通过特殊的材料填充,使得异质材料结构的热膨胀系数由低到高呈多层梯度过渡或者线性连续过渡,可以大大减小相邻层间的热膨胀系数差异,进而减小异质材料结构的热应力集中。单一材料的热膨胀系数为其固有属性,很难通过结构设计使之具有连续可调的热膨胀系数,不适用于异质材料结构的热膨胀过渡连接。而双材料可调控热膨胀点阵可以实现一定范围内的等效热膨胀系数连续可调,利用双材料可调控热膨胀点阵填充可以实现异质材料结构之间热膨胀系数过渡,减小相邻层间的热膨胀系数差异。本节将可调控热膨胀点阵作为一种特殊的实体材料,进行异质材料结构多层填充,并利用有限元仿真分析热膨胀系数梯度变化和热膨胀连续变化对热应力的影响,通过对比,确定最终的异质材料结构热应力均匀化方案。

2.4.1 热膨胀系数梯度变化连接法

热膨胀系数梯度变化通过多层热膨胀系数不同的双材料可调控热膨胀点阵将异质材料结构连接起来。其结构特点为各层内热膨胀系数相同,各层之间的热膨胀系数均匀地梯度变化,使热膨胀系数从材料1梯度过渡到材料2。

如图2.20所示为由材料1和材料2构成的异质材料结构,其通过多层可调控热膨胀点阵填充进行连接,实现材料1到材料2热膨胀系数梯度过渡。不同的颜色表示不同的热膨胀系数,颜色越深代表热膨胀系数越小。浅灰色代表热膨胀系数较大的材料2,黑色代表热膨胀系数较小的材料1,中间多层为热膨胀系数梯度变化的可调控点阵填充层。当温度升高后,各层材料热膨胀呈现出梯度变化的变形量,使得材料1和材料2之间较大的热膨胀变形差异分散到各层之间,可以有效减小原异质材料结构的热应力集中。

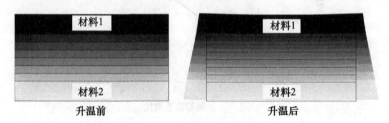

图2.20 热膨胀系数梯度过渡模型

利用有限元仿真对多层热膨胀梯度连接结构进行热应力分析。以铝合金板件和钛合金板件异质材料结构连接为例进行二维仿真计算。在异质材料结构梯度连接建模中,上、下板的尺寸均为$40mm \times 5mm$,分别通过单层、双层、三层、四层、六层热膨胀系数梯度变化的材料实现热膨胀梯度连接,中间连接层的总高度h为12mm,其热膨胀系数通过在软件中设置材料的参数实现,其计算公式如表2.3所示。异质材料结构所施加的约束条件与2.2.3节相同:底层的中点为固定约束,顶层的中点为限制位移约束,限定x方向位移为0。然后进行有限元网格划分。对于二维结构,采用平面四边形网格单元,将结构划分为均匀的正方形网格。

表2.3 各层的热膨胀系数设置

连接方法	各层热膨胀系数
多层热膨胀梯度变化	$\alpha_i = \alpha_{Al} - \dfrac{i}{n+1}(\alpha_{Al} - \alpha_{Ti}) \quad i=1,2,3,4,6$
热膨胀连续变化	$\alpha = \alpha_{Al} - \dfrac{y}{h}(\alpha_{Al} - \alpha_{Ti})$

图2.21给出了不同层数的梯度热膨胀异质材料结构连接的有限元仿真应力分布。随着层数的增加,热应力分布更为分散与均匀。取仿真结果的热应力最大值和最小值绘制成表。由表2.4中的热应力数值可以看出,随着层数的增加,最大拉应力逐渐减小。当热膨胀梯度连接层数小于三层时,结构的最大拉应力随着层数的增加减小较快,最大应力由47.1MPa减小到28.3MPa;当热膨胀梯度连接数大于三层后,结构的最大应力减小放缓。最大压应力随着层数的增加,先减小再增大。当梯度热膨胀连接层数为两层时,压应力最小,为24.2MPa。当大于两层时,最大压应力逐渐增大。当梯度热膨胀连接层数为三层时,其最大热应力最小为28.3MPa。根据图2.6所示,异质材料结构直接连接的最大热应力为110MPa,与异质材料结构直接连接相比,采用多层梯度热膨胀过渡连接可以有效减小异质材料结构的最大热应力。

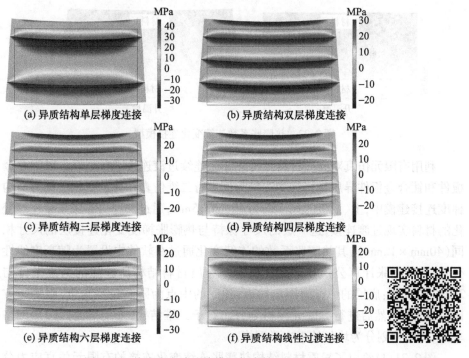

图2.21 热膨胀点阵连接模型仿真结果对比

表2.4　不同连接方法的热应力

	单层	双层	三层	四层	六层	连续
最大拉应力/MPa	47.1	30.2	28.3	27.4	26.4	24.5
最大压应力/MPa	35.9	24.2	28.1	30.0	31.9	35.8
最大热应力/MPa	47.1	30.2	28.3	30.0	31.9	35.8

2.4.2　热膨胀系数连续变化连接法

异质材料结构热膨胀系数连续变化连接通过可调控热膨胀点阵实现热膨胀系数线性连续变化,从而使得热膨胀系数连续地从材料1过渡到材料2。其连接层热膨胀系数由上到下随高度线性递增。

如图2.22所示,材料1到材料2的热膨胀系数连续变化过渡。颜色越深代表热膨胀系数越小。浅灰色代表热膨胀系数较大的材料2,黑色代表热膨胀系数较小的材料1。当温度升高后,整个过渡层由上到下呈现出依次减小的热膨胀变形,使得材料1和材料2之间较大的热膨胀变形差异,分散到整个过渡连接层。这种连接不会产生层间的热膨胀差异,可以使热应力更加均匀地分布,避免了热膨胀系数的不一致而产生的热应力,减小结构的热应力突变。

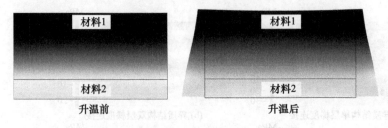

图2.22　热膨胀系数连续变化连接模型

利用有限元仿真对异质材料结构热膨胀连续过渡连接进行分析。以铝合金板件和钛合金板件异质材料结构连接为例进行二维仿真计算。在异质材料结构梯度连接建模中,上、下板的尺寸均为40mm×5mm,通过一层热膨胀系数连续变化的材料实现过渡连接,这一层的尺寸保持与热膨胀梯度变化连接层的尺寸相同(40mm×12mm),其热膨胀系数的连续变化通过在软件中设置为随高度线性变化,其热膨胀计算公式如表2.3所示。异质材料结构所施加的约束条件与2.2.3节相同:底层的中点为固定约束,顶层的中点为限制位移约束,限定 x 方向位移为0。然后进行有限元网格划分。对于二维结构,采用平面四边形网格单元,将结构划分为均匀的正方形网格。

图2.21(f)给出了异质材料结构热膨胀连续变化连接的有限元仿真应力分

布。由应力分布曲线可以看出,其热应力在整个结构内随高度逐渐变化,没有应力突变。其最大拉应力为24.5MPa,最大压应力为35.8MPa。与异质材料结构直接连接的最大热应力(110MPa)相比,采用热膨胀连续变化连接也可以有效减小异质材料结构的最大热应力。

2.4.3 两种连接方法的对比

异质材料结构热膨胀系数梯度变化连接和异质材料结构热膨胀系数连续变化连接两种方法都可以有效地改善结构热应力集中问题。前面通过有限元仿真,定性地分析了两种方法在减小异质材料结构热应力方面的优点,下面将基于之前的有限元分析结果,提取热应力的数据,通过对比不同连接方式热应力分布,选择一种更优的连接方法进行后续的异质材料结构连接设计。

异质材料结构的热应力包括剪切应力和剥离应力。不同位置的热应力并不相同,并且不同层的剪切应力和剥离应力也不好对比。这里选择沿异质材料结构中心线处 x 方向的热应力分量作为变量,将异质材料结构直接连接、不同层数的热膨胀梯度变化连接和异质材料结构热膨胀连续变化连接的应力曲线作对比。根据有限元计算的结果,提取异质材料结构中心线处 x 方向热应力分量数据,以热应力分量 s_x 为纵坐标,以高度为横坐标,绘制应力曲线。

图 2.23 所示为异质材料结构直接连接的热应力分量 s_x 沿高度变化的曲线。由热应力曲线可以看出,随着高度的增加,热应力从拉应力变化为压应力,然后在界面处突变为拉应力,然后逐渐减小,变化为压应力。其最大拉应力值为92.9MPa,压应力值为62MPa,异质材料结构处的热应力突变差值约为150MPa,容易引起异质材料结构连接的失效。

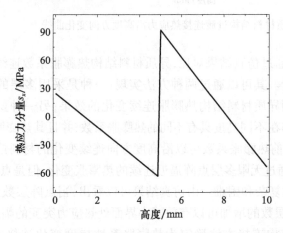

图 2.23 异质材料结构直接连接热应力沿高度方向变化曲线

图 2.24 所示为异质材料结构过渡连接的热应力分量 s_x 沿高度变化的曲线，包括单层、双层、三层、四层、六层热膨胀系数梯度变化连接和热膨胀系数连续变化连接的热应力变化曲线。由表 2.4 中数据可以看出，热膨胀系数梯度变化连接和热膨胀系数连续变化连接的最大热应力都小于 40MPa。与异质材料结构直接连接的最大热应力相比，这两种连接方法都可以有效减小最大应力。当热膨胀系数梯度变化连接层数为三层时，结构的最大热应力最小，为 28.3MPa。异质材料结构热膨胀系数梯度连接在热膨胀系数变化的相邻层之间形成新的应力突变，梯度连接的层数越多，相邻界面处的应力突变幅度越小。热膨胀系数连续变化的连接方法的最大热应力为 35.8MPa，但是其可以有效避免界面处的热应力突变，可以使结构中应力变化更加平滑，减小结构的应力集中，增加结构的可靠性。

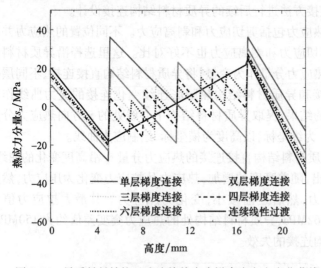

图 2.24 异质材料结构过渡连接热应力沿高度方向变化曲线　　二维码

综上所述，通过仿真结果对比，异质材料结构热膨胀系数连续变化连接的热应力曲线更平滑。其可以通过两种方法实现：一种是采用多层的梯度热膨胀点阵连接近似达到异质材料结构热膨胀连续变化的效果；另一种要求所填充的可调控热膨胀点阵在不同高度具有不同的热膨胀系数，并且其热膨胀系数沿高度方向线性变化。目前热膨胀系数可以沿高度方向连续变化的材料或结构还未见报道。另外，可以通过无限多层点阵逼近连续的热膨胀变化，但是点阵层数越多，其制造和装配更加复杂和困难。由仿真结果可以看出，当点阵层数为三层时，其最大热应力最小；层数的增加可以有效减小界面处热应力突变的幅值。综合考虑，最终异质材料结构连接方法确定为热膨胀系数梯度变化连接，点阵的层数为三层。

2.5 本章小结

本章根据 Suhir 提出的双材料板热应力计算理论,利用界面剪切应力和剥离应力的解析表达式计算了铝钛异质材料结构的界面应力;其次,通过有限元分析计算双材料板的界面应力,并根据仿真结果绘制了剪切应力和剥离应力曲线。与理论表达式计算的结果对比,二者在数值上有一定的差异,但是二者趋势完全一致,有限元仿真结果验证了理论计算的有效性。再次,根据理论计算公式,分别分析了双材料板的长度、上下板的厚度比例、两种材料的杨氏模量比例和热膨胀系数比对剪切应力最大值和剥离应力最大值的影响,为减小异质材料结构应力提供依据。

在实际的异质材料结构设计中,结构的宽度、厚度受限于空间布局,不能随意更改。结构的功能决定了所能选择的材料种类,其杨氏模量不能改变。要减小异质材料结构的热应力,可以通过设计减小异质材料结构热膨胀系数比,使得热应力分布更加均匀。引入可调控热膨胀点阵,通过可调控热膨胀点阵实现异质材料结构界面的热膨胀系数平缓过渡,可以有效减小相邻两层之间的热膨胀系数差值,因此,研究可调控热膨胀点阵意义重大。

最后,利用有限元分析,对比了连续热膨胀线性过渡与不同层数的梯度热膨胀异质材料结构的应力分布,结果表明,两种方案都可以减小热应力;连续热膨胀线性过渡可以实现热应力的连续变化,消除应力突变;梯度热膨胀在热膨胀系数变化层存在应力突变,层数越多,突变越小。通过对比,综合考虑可调控热膨胀点阵的调节能力和制造加工工艺,最终选择三层梯度热膨胀点阵连接。

第3章 新型可调控热膨胀点阵结构建立与参数分析

3.1 引言

拉伸主导型点阵是应用最广泛的可调控热膨胀点阵结构,主要通过三角形结构实现热膨胀系数的调控,其具有轻量化、高刚度等优点。但是三角形结构比较单一,其热膨胀系数的调控严重依赖三角形的底角。当三角形的底角不能改变时,其热膨胀调控范围受到很大的限制。为了扩大热膨胀系数的调控范围,本章提出一种双材料复合杆单元,通过复合杆单元可以实现一定范围的热膨胀调控,并且双材料复合杆可以作为基本的杆单元构成多种复杂的可调控热膨胀点阵。进一步,双材料复合杆可以与三角形点阵结构相结合,进而扩大热膨胀系数的调节范围。

本章主要介绍多种可调控热膨胀点阵结构,包括双材料复合杆单元、双材料复合杆构成的可调控热膨胀点阵,以及复合杆结构与三角形结构相结合形成的复杂结构;然后以一种新型的复合杆与三角形相结合结构——倒梯形点阵结构为例,通过有限元仿真分析,研究结构参数对点阵等效热膨胀系数和结构热应力的影响,为可调控热膨胀点阵的设计提供依据。

3.2 双材料复合杆结构

双材料复合杆是由热膨胀系数不同的两种材料构成的复合杆结构。其通过两种材料的热变形差异,实现局部可调节的热膨胀系数,也可以通过结构设计实现负热膨胀,并且可以灵活地作为一个杆单元应用于更加复杂的热膨胀点阵设计中。

3.2.1 双材料复合杆单元

1. 双材料复合杆的结构

如图3.1所示,双材料复合杆由两种热膨胀系数不同的材料构成。其中,较细的长杆是由热膨胀系数较低的材料构成,较粗的短杆是由热膨胀系数较高的材料构成。两个短杆内端之间的部分为"虚拟杆"。

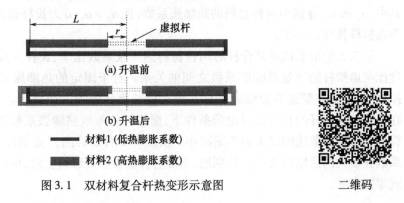

图 3.1 双材料复合杆热变形示意图　　　　二维码

由于长杆的热膨胀系数小于短杆的热膨胀系数,因此当温度升高时,长杆的伸长量小于短杆的伸长量。从而,两根短杆的内端向中间收缩,如图 3.1(b)所示,那么虚拟杆就可以实现负热膨胀。

2. 双材料复合杆的热膨胀系数计算

虚拟杆的热膨胀系数是由各杆件的长度和温度变化量共同决定的。假设结构的杆件长度是固定的,对于给定的温度增量,长度的变化量就决定了虚拟杆的等效热膨胀系数。在双材料复合杆中,虚拟杆的等效热膨胀系数由长杆和短杆的热变形量决定。对于均匀的温度增量,由于长杆的热膨胀系数较小,因此当长杆与短杆长度相当时,长杆的伸长量要小于短杆的伸长量。从而,两根短杆的内端收缩,虚拟杆的等效热膨胀就为负值。定义单位温度增量 ΔT 引起的长度变化量为虚拟杆的等效热膨胀,那么,虚拟杆的等效热膨胀系数的计算如下:

$$D_L = 2\alpha_a \cdot L \cdot \Delta T \tag{3.1}$$

$$D_S = \alpha_b \cdot (L-r) \cdot \Delta T \tag{3.2}$$

$$D_V = D_L - 2D_S \tag{3.3}$$

其中,ΔT 为温度变化量,D_L 为长杆的伸长量,D_S 为短杆的伸长量,D_V 为虚拟杆的伸长量。一般地,双材料复合杆中间虚拟杆的等效热膨胀系数 $\bar{\alpha}$ 可以通过下面的公式计算:

$$\bar{\alpha} = \frac{D_V}{2r\Delta T} \tag{3.4}$$

因此,将式(3.3)代入等效热膨胀系数计算公式(3.4),通过化简,整理得到虚拟杆的等效热膨胀系数为

$$\bar{\alpha} = \frac{\alpha_b r - (\alpha_b - \alpha_a)L}{r} \tag{3.5}$$

其中，α_a 和 α_b 分别为两种材料的热膨胀系数，且 $\alpha_b > \alpha_a$；L 为长杆长度的一半，r 为虚拟杆长度的一半。

图 3.2 给出了构成复合杆的两种材料热膨胀系数比率、长杆 - 虚拟杆的长度比与虚拟杆的等效热膨胀系数之间的关系。对于固定的热膨胀系数比，"虚拟杆"的等效热膨胀系数随着长杆 - 虚拟杆长度比的增大而减小。另一方面，在长杆 - 虚拟杆的长度比固定的条件下，虚拟杆的等效热膨胀系数随着两种材料的热膨胀系数比的增大而不断减小。由图 3.2 可以看出，"虚拟杆"的热膨胀系数在很大的区域内为负。特别地，当复合杆的参数在红线上时，虚拟杆可以实现零热膨胀。

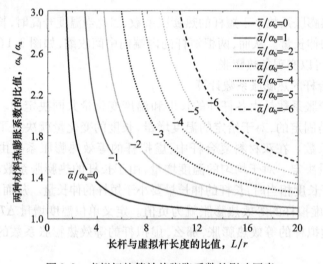

图 3.2 虚拟杆的等效热膨胀系数的影响因素　　　　二维码

提高两种材料的热膨胀系数比和增大长杆 - 虚拟杆的长度比是增大复合杆等效负热膨胀系数的两种途径。增大两种材料的热膨胀系数比，会使得两种材料的热膨胀系数差值变大，使两种材料连接处产生较大的热应力集中。相反，改变长杆 - 虚拟杆的长度比是很容易的。随着长杆长度的增大，虚拟杆可以实现非常大的负热膨胀。双材料复合杆就像一个负的乘数因子，利用其结构使两种正热膨胀系数的材料实现负的热膨胀。

▲3.2.2 复合杆单元构成的可调控热膨胀点阵

双材料复合杆本身就可以实现可调节的热膨胀系数，它可以作为基本的杆单元来构成复杂的负热膨胀点阵。下面介绍由双材料复合杆构成的可调控热膨胀结构,包括多层复合杆结构和由复合杆构成的点阵结构。

1. 多层复合杆结构

图3.3给出了单层复合杆、双层复合杆和三层复合杆。多层复合杆是由多层双材料复合杆和两根延伸杆形成的复合杆结构。双材料复合杆本身就可以实现可调节的热膨胀系数,通过多层复合可以扩大热膨胀的调控范围,使得热膨胀系数倍数级变化,大大增强了复合杆结构的应用范围。

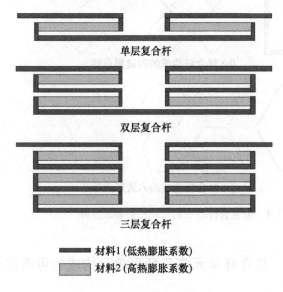

图3.3　多层复合杆结构

2. 复合杆单元构成的点阵结构

双材料复合杆可以作为一根杆件,通过几何构型,构成三角形、四边形、六边形等具有各向同性可调控热膨胀系数的点阵结构。各点阵通过阵列,可以形成二维平面可调控热膨胀结构。下面给出这几种点阵的结构示意图。

图3.4给出了由复合杆构成的多边形可调控热膨胀点阵结构。图3.4(a)为复合杆构成的三角形点阵,图3.4(b)为复合杆构成的四边形点阵,图3.4(c)为复合杆构成的六边形点阵。通过线性阵列,可以形成二维平面复合结构。该结构具有可调控的热膨胀系数,其热膨胀规律与复合杆的热膨胀相同。此外,还可以将单层复合杆换为多层复合杆,可以进一步提高热膨胀系数的调节范围。

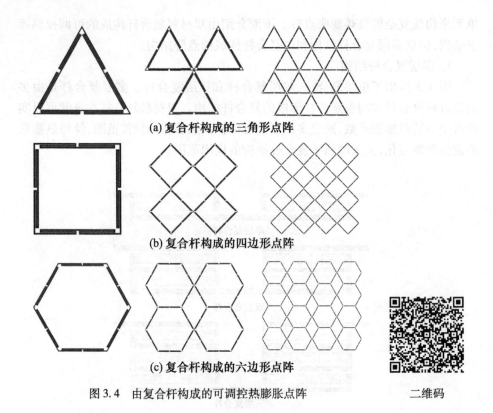

(a) 复合杆构成的三角形点阵

(b) 复合杆构成的四边形点阵

(c) 复合杆构成的六边形点阵

图 3.4 由复合杆构成的可调控热膨胀点阵

二维码

3.2.3 复合杆单元与三角形单元构成的可调控热膨胀点阵

1. 双材料三角形单元

双材料三角形单元是最早提出的拉伸主导型可调控热膨胀点阵结构[68]。下面简要介绍双材料三角形点阵结构。

图 3.5 给出了双材料三角形点阵的结构以及升温后的变形示意图。双材料三角形结构是由两种热膨胀系数不同的材料构成的具有竖直方向可调控热膨胀系数的点阵结构。一般两种材料都具有正热膨胀系数。底边杆件的热膨胀系数较大,杆件之间采用铰链连接。当温度升高时,点阵底边杆件的热膨胀伸长会使三角形的高度减小,而斜边杆件的热膨胀伸长会导致高度的增大,三角形点阵的高度变化是上述两种热膨胀变形相互竞争的结果。通过设计三角形结构的几何参数,可以实现高度方向的热膨胀调控。

双材料三角形点阵结构 y 向的等效热膨胀系数计算公式为

$$\bar{\alpha} = \frac{\alpha_b r - (\alpha_b - \alpha_a)L}{r} \tag{3.6}$$

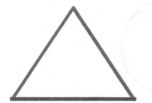 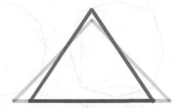

图 3.5 三角形单元及其变形示意图　　　　　　二维码

2. 三角形单元构成的点阵

基于三角形的原理,许多学者提出了各种不同的双材料负热膨胀点阵,下面简要介绍几种典型的二维平面点阵结构,包括 Steeves 三角形点阵、对顶三角形点阵和人字形三角形点阵。

如图 3.6(a)所示为 Steeves 三角形点阵结构。Steeves 三角形点阵实质是由多个三角形单元构成的多边形结构。内接多边形材料的热膨胀系数较大,从而推动内接多边形的顶点向外移动,使得整个外接多边形收缩。其等效热膨胀系数计算公式详见 Steeves[69]的论文。与双材料三角形结构相比,其热膨胀系数大于双材料三角形的热膨胀系数,热膨胀调节范围较小,但是其结构的对称性使得其具有几乎各向同性的热膨胀。此外,该结构全部由三角形构成,其结构刚性非常好。

如图 3.6(b)所示为对顶三角形点阵结构。对顶三角形点阵是由多个顶部连接形成的可调控热膨胀点阵。其热膨胀系数与双材料三角形点阵的热膨胀规律相同。结构的对称性使得其具有各向同性的热膨胀。但是,受限于几何结构的影响,其三角形的底角必须大于 $180/i$(i 为构成点阵的三角形点阵个数),极大地限制了结构的热膨胀调节范围。此外,其通过共用顶点连接,连接处受力条件较差,其结构刚性较差。

如图 3.6(c)所示为人字形点阵结构。人字形三角形点阵是由热膨胀系数较小的十字形结构和四个热膨胀系数较大的人字形结构构成。十字形结构为人字形结构提供了热膨胀系数小的框架,对人字形结构的两端进行限位,使得人字形结构实现较大的内凹或者外凸。其实质上与双材料三角形结构原理相同。根据其几何结构,其三角形的底角一般较小,使得其可以实现很大的负热膨胀。但是,人字形点阵结构刚性很差。

3. 复合杆与三角形单元联合

将双材料复合杆引入三角形构成的点阵中,使具有负热膨胀系数的双材料复合杆替换原三角形结构中的热膨胀系数较小的杆件,相当于扩大了两种材料的热膨胀系数差值,可以进一步增大点阵的热膨胀系数可调控范围。

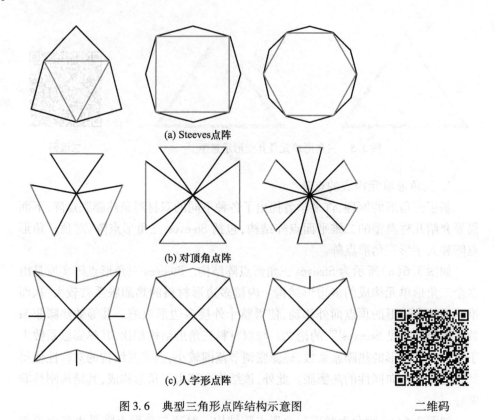

(a) Steeves点阵

(b) 对顶角点阵

(c) 人字形点阵

图3.6 典型三角形点阵结构示意图　　　　二维码

如图3.7所示,分别给出了双材料复合杆与三角形点阵联合结构、双材料复合杆与Steeves点阵联合结构、双材料复合杆与对顶角点阵联合结构和双材料复合杆与人字形点阵联合结构的示意图。这些新型联合点阵是用双材料复合杆分别替代原结构中热膨胀系数较小的杆件,使得双材料复合杆结构与三角形点阵联合形成新的可调控热膨胀点阵结构。

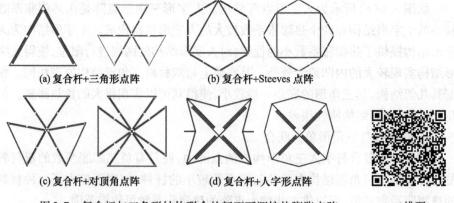

(a) 复合杆+三角形点阵　　　(b) 复合杆+Steeves点阵

(c) 复合杆+对顶角点阵　　　(d) 复合杆+人字形点阵

图3.7 复合杆与三角形结构联合的新型可调控热膨胀点阵　　　　二维码

由于双材料复合杆可以实现比所替换杆件更小的热膨胀系数,甚至负的热膨胀系数,使得新点阵结构中,局部三角形内杆件的热膨胀系数的差值扩大。根据双材料三角形热膨胀计算公式,热膨胀系数差值的增大,可以显著扩大整个结构的热膨胀调控范围。此外,通过引入复合杆结构,整个结构可以调节的参数更多,实现相同的热膨胀系数,可以有不同的参数选择,大大增加了结构设计的灵活性。进一步,还可以用多层复合杆结构,替代原结构中的热膨胀系数较小的杆件,形成新的可调控热膨胀点阵,有效扩大双材料点阵结构的热膨胀调控范围。

3.3 倒梯形负热膨胀点阵结构与性能仿真

3.3.1 倒梯形负热膨胀点阵的结构

三角形负热膨胀点阵和双材料复合杆都可以实现可调控热膨胀。在两种材料种类确定后,其热膨胀系数也就固定了。在此条件下,三角形负热膨胀点阵主要通过改变底角的大小来实现负热膨胀的调控:底角越小,其等效负热膨胀系数越大;双材料复合杆主要通过改变长杆-虚拟杆的长度比来实现负热膨胀的调控,长杆-虚拟杆的长度比越大,其等效负热膨胀系数越大。根据等效热膨胀系数计算公式,理论上,二者都可以实现无限大的负热膨胀。但是,在实际应用中,二者都有一定的结构限制。对于三角形结构,考虑到杆件的宽度,三角形的底角太小会导致结构的干涉;对于双材料复合杆结构,其长杆不能无限长,虚拟杆不能太小。所以,这两种结构单独可以实现的负热膨胀有限,在较大负热膨胀结构的设计中,这两种结构的使用往往受到很大的限制。

通过将三角形结构与双材料复合杆结构结合起来,形成一种新型点阵结构,使之同时具有两种结构的热膨胀调控能力,从而实现更大范围的热膨胀调控,为极端条件下的负热膨胀点阵设计提供解决思路。下面介绍双材料倒梯形负热膨胀点阵。它将双材料复合杆和双材料三角形点阵的机理结合起来,可以实现更大范围的负热膨胀。

图3.8介绍了双材料倒梯形点阵的结构特征。它由两种材料组成:一种是热膨胀系数较小的材料1,另一种是热膨胀系数较大的材料2。如图3.8(a)所示,其底部为双材料复合杆结构。斜边由热膨胀系数较小的材料1构成。上底是由热膨胀系数较大的材料2构成。由图3.8可以看出,两条斜边、上底和"虚拟杆"构成了一个倒立的等腰梯形。该结构可以采用销钉连接、焊接或过盈配合连接。

基于可调控热膨胀点阵的异质材料结构热应力均匀化

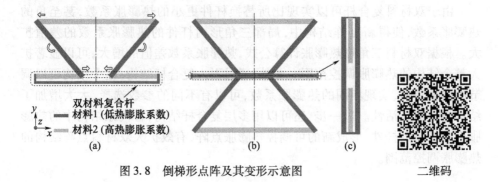

图 3.8　倒梯形点阵及其变形示意图

对于均匀的温度增量,倒梯形点阵的等效热膨胀系数取决于所有杆的热膨胀变形的共同作用。其通过连接点的旋转来适应温度变化引起的杆件长度变化,从而实现负热膨胀。如图 3.8(a)所示,箭头所示为升温后倒梯形点阵的变形机理。其下底为双材料复合杆,通过结构设计可以使之具有负的热变形。那么,在温度升高时,双材料复合杆推动两个斜边的底端向内移动。而上底为正的热膨胀,所以两个斜边的顶端向外移动。这将会导致左斜边逆时针旋转,右斜边顺时针旋转。因此,倒梯形结构通过斜边的旋转将虚拟杆的负热膨胀变形转化为点阵垂直方向的收缩。正是由于垂直方向的收缩,使得整个结构的负热膨胀系数增大。

当在各连接节点处采用铰链连接时,各杆件可以自由转动,结构内部不会产生应力。但是在焊接或过盈配合连接的情况下,连接节点固定,不能自由转动,那么将会产生应力。当温度升高时,对于单个倒梯形点阵结构,上底将会向上弯曲凸起,同时,底部复合杆的短杆也会相应地向上翘曲。为了抑制倒梯形点阵结构的翘曲变形,可以采用如图 3.8(b)所示的对称结构。上下两个倒梯形点阵共用底边,底边的复合杆位于 xoz 平面。该结构可以使得底部复合杆的短杆受力对称,所以,复合杆的短杆不会发生翘曲。但是该结构并不能改善上底的受力,其仍然会向外弯曲。

3.3.2　等效热膨胀系数计算

倒梯形点阵沿 y 轴的热膨胀系数由其几何形状决定。假设倒梯形点阵为铰链连接,所有的杆件在连接节点处可以相对自由旋转。类比 Miller[68] 提出的双材料三角形点阵的热膨胀系数计算过程,推导倒梯形点阵的等效热膨胀系数计算公式。

如图 3.9 所示,由于倒梯形点阵关于 y 轴对称,考虑左半部分,将中心线平移到左边短杆的右端,那么平移后的中心线、上底和斜边构成一个直角三角形,

那么根据勾股定理有

$$y^2 = a^2 - (b-r)^2 \tag{3.7}$$

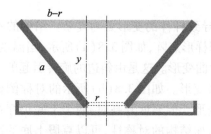

图3.9 倒梯形点阵参数示意图　　　　　　　二维码

当结构温度升高以后,每根杆件由于热膨胀而相应地伸长,其仍然满足勾股定理。

$$(y+\delta y)^2 = (a+\delta a)^2 - [(b+\delta b)-(r+\delta r)]^2 \tag{3.8}$$

一般地:

$$\alpha_y = \frac{\delta y}{y \delta T} \tag{3.9}$$

将式(3.7)~式(3.9)联合起来求解,可以得到:

$$\alpha_y = \frac{a^2 \alpha_a - (b-r)^2 \alpha_b - (b-r)L(\alpha_b - \alpha_a)}{a^2 - (b-r)^2} \tag{3.10}$$

其中,a 为斜杆长度,b 为上底长度的一半,L 为复合杆的长杆长度的一半,r 为虚拟杆长度的一半。α_a、α_b 分别为两种材料的热膨胀系数,并且 $\alpha_a < \alpha_b$。

当 $r=0$ 时,双材料复合杆的调节作用失效,该倒梯形点阵退化为双材料三角形结构。当 $r>0$ 时,根据式(3.10)分子中的第三项,其代表双材料复合杆对倒梯形点阵热膨胀的贡献。在倒梯形点阵与三角形点阵的底角相等的条件下,倒梯形点阵可以实现比三角形结构更大的负热膨胀。特别是当复合杆的长杆长度足够长时,倒梯形点阵可以实现无限大的负热膨胀。

3.3.3 有限元仿真分析

本节利用有限元仿真对倒梯形点阵的性能进行分析,包括等效热膨胀系数和应力分布。首先要确定点阵结构中杆件的连接方式。不同的连接方式对点阵的性能有较大影响。铰链连接可以使得连接节点处自由地转动,从而实现结构内部应力的释放,实现无应力点阵结构。但是在实际应用中,铰链连接处存在微间隙,微间隙会导致结构在升温时,杆件的一部分变形被微间隙抵消,使得点阵的热膨胀系数有一定的不确定性。采用固定连接,可以克服连接节点之间的微间隙,但是固定连接限制了节点之间的相对转动,不可避免地产生内部应力。综合考虑,为了消除铰链连接带来的点阵热膨胀不确定性,本节有限元仿真中采用固定连接。

在固定连接条件下,内部应力导致杆件的变形更为复杂。结构的不对称会引起附加的弯曲变形。对于单个倒梯形点阵,如图 3.8(a)所示,当温度升高时,上底和下底的短杆会产生额外的弯曲变形。这是由斜边的旋转引起的。弯曲变形会降低倒梯形点阵的总负热膨胀变形。如图 3.8(b)所示的对称倒梯形点阵可以克服复合杆短杆的额外弯曲变形。但温度升高时,两个上底仍存在额外的弯曲变形。倒梯形点阵阵列可以增加结构的对称性,可以克服上底的额外弯曲变形。因此,在有限元仿真中采用三个沿 y 方向阵列的对称倒梯形点阵模型。

如图 3.10(a)所示为有限元仿真软件中建立的倒梯形点阵阵列几何模型,其包含三个沿 y 方向阵列的对称倒梯形点阵。两种材料分别为铝合金和钛,其热膨胀系数分别为 α_b 和 α_a。所有杆的宽度都是 w,所有杆的厚度都是 t。如图 3.10(b)所示,L 为长杆长度的一半,r 为虚拟杆长度的一半,a 为等腰梯形斜边的长度,b 为上底长度的一半,倒梯形点阵的高度是 h。其中,$w=5\text{mm}$,$t=5\text{mm}$,$L=60\text{mm}$,$r=12\text{mm}$,$b=60\text{mm}$,$h=30\text{mm}$。

有限元仿真要求几何模型必须处于静平衡状态,所以必须对几何模型施加约束。为了满足结构静平衡,又保证倒梯形结构能够自由热膨胀,所施加约束条件如下:限制 A 点和 B 点在 x 方向上的平移自由度 U,然后,限制 C 点和 D 点的 y 方向平移自由度 V,使得整个几何结构在 xOy 平面不发生移动。此外,为了避免 z 向平移,对节点 A、B、C、D 的 z 向平移自由度 W 也进行了约束。

如图 3.10(b)所示,采用自由六面体单元进行网格划分,最大尺寸为 2.5mm,最小尺寸为 0.25mm。对应力集中区域采用较小的单元尺寸进行网格划分,以保证足够的网格密度,如图 3.10(c)所示。在有限元模拟中,初始温度设置为 20℃,最终温度设置为 220℃,使得温度增量为 200℃。此外,在有限元仿真过程中,假定材料的热膨胀系数和杨氏模量不随温度的升高发生变化。

图 3.11 给出了倒梯形点阵的有限元仿真结果。由仿真结果可以看出,在 y 方向,倒梯形点阵由两端向中间收缩,表现出负热膨胀,其最大热变形位移约为 0.36mm。这是由于双材料复合杆的短杆内端向内移动,推动斜杆下端向中间移动;而上底热变形较大,推动斜边的顶端向外移动,从而使得斜杆发生旋转。此外,根据仿真结果,复合杆的短杆和倒梯形点阵中间的两根底边翘曲变形很小,只有整个结构最外端的两根底边翘曲变形较大,说明结构的对称性可以有效减小热应力引起的杆件翘曲。所以在计算结构等效热膨胀系数时,应该选择中间几乎没有发生翘曲的部分进行计算,在这里选择如图 3.11 中竖直红线 O_1O_3 所示的部分进行计算。

第 3 章 新型可调控热膨胀点阵结构建立与参数分析

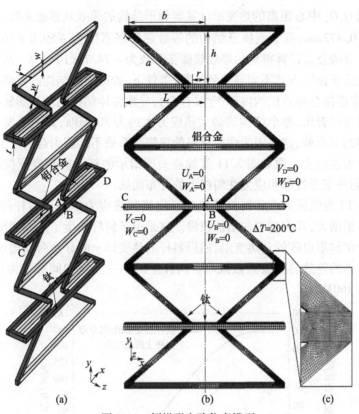

图 3.10 倒梯形点阵仿真模型

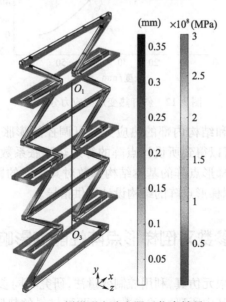

图 3.11 倒梯形点阵有限元仿真结果

二维码

根据 O_1O_3 中心距离的热变形计算倒梯形结构的等效热膨胀系数,其总的热变形为 $-0.472\mathrm{mm}$,那么倒梯形结构的等效热膨胀系数为 $-59.0 \times 10^{-6}/℃$;根据 3.3.2 节的公式计算得到的等效热膨胀系数为 $-74.7 \times 10^{-6}/℃$,两者并不相等。这是由于连接方式不同导致的,理想条件下,铰链连接结构的内部没有热应力,而固定连接会导致结构内部产生内应力,导致整体结构的负热膨胀减小。由仿真结果可以看出,整个结构的最大热应力大约为 300MPa,其主要发生在两种材料连接的节点处,这是因为两种材料的热膨胀系数不匹配引起的。另外,斜杆上的热应力也较大。取如图 3.11 红线箭头所指示斜杆上的热变形位移和应力数据,绘制热变形位移和应力在斜杆上的分布曲线。

图 3.12 为倒梯形点阵斜杆的热变形位移和热应力曲线。斜杆的热变形 y 向分量逐渐增大,其在两端的增加较慢。这是由于斜杆发生了翘曲变形,其抵消了一部分倒梯形点阵的负热变形,使得斜杆的热变形 y 向分量两端增加缓慢,从而使得整体的等效热膨胀系数减小。斜杆上的热应力在中间部位为 0,最大应力大约为 160MPa。

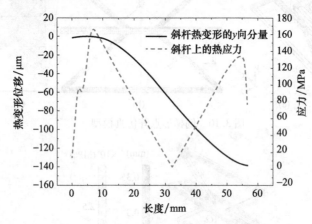

图 3.12 斜杆热变形与应力分布

等效热膨胀系数和结构内部的热应力是可调控热膨胀点阵的关键性能指标,通过有限元仿真可以得到所设计点阵的等效热膨胀系数和结构内部的热应力。下面主要研究倒梯形点阵的基本结构参数对其性能的影响,通过对倒梯形点阵的仿真分析,为倒梯形点阵的结构设计提供指导。

3.4 结构参数对倒梯形点阵性能的影响规律分析

本节主要通过有限元仿真,利用控制变量法,研究不同参数变化对倒梯形点阵性能的影响规律。其中所研究的参数包括两种材料的热膨胀系数比、长杆和虚拟杆的长度比和倒梯形点阵的高度。以 3.3.3 节的仿真模型为基础,分别改变长杆和虚拟杆的长度比、两种材料的热膨胀系数比、倒梯形点阵的高度,研究其对倒梯形点阵等效热膨胀系数和结构热应力的影响,为下一步的结构设计提供依据。在仿真模型中,两种材料仍然选择铝合金和钛,并且假定热膨胀系数和杨氏模量不随温度变化。

3.4.1 材料的热膨胀系数比例

两种材料的热膨胀系数比是点阵设计阶段必须首先确定的关键因素。两种材料的热膨胀系数对倒梯形点阵的等效热膨胀系数和结构热应力具有非常大的影响,分析两种材料的热膨胀系数比对倒梯形点阵 y 方向热膨胀系数和最大应力的影响具有重要意义。

采用控制变量法,仅改变两种材料的热膨胀系数比,保持其他参数不变,即:固定长杆-虚拟杆的长度比为 5,虚拟杆长度为 24mm,上底长度是 120mm,倒梯形点阵高度为 30mm,所有杆的宽度是 5mm,所有杆的厚度是 5mm。然后通过有限元仿真,得到不同热膨胀系数比时双材料倒梯形点阵的等效热膨胀系数和斜杆最大应力。通过在几何模型中保持钛的热膨胀系数不变,改变另外一种材料的热膨胀系数设置,使其热膨胀系数比值从 2 变化到 10。在改变材料的热膨胀系数设置过程中,仅改变材料的热膨胀系数这一属性,其他属性仍然保持铝材料原来的数值。

图 3.13 显示了在两种材料不同热膨胀系数比时,倒梯形点阵和三角形点阵的 y 方向等效热膨胀系数和斜杆最大应力。其中,α_{y_d} 表示倒梯形点阵 y 方向等效热膨胀系数,α_{y_s} 表示三角形点阵 y 方向等效热膨胀系数,$Stress_{Max\_d}$ 表示倒梯形点阵斜杆上的最大热应力,$Stress_{Max\_s}$ 表示三角形点阵斜杆上的最大热应力。

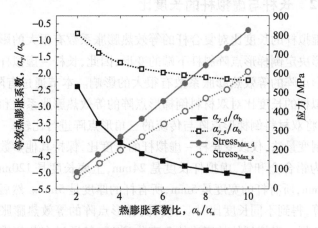

图 3.13 热膨胀系数比对倒梯形点阵性能的影响

由等效热膨胀系数曲线可以看出,随着两种材料热膨胀系数比的增大,倒梯形点阵的 y 方向等效热膨胀系数逐渐减小。这是由于热膨胀系数比越大,那么热膨胀系数较大的材料的热膨胀系数变大,导致倒梯形的上底和复合杆的短杆的伸长量增加,从而使得斜边的旋转角度增加,使得倒梯形点阵的负热膨胀变大。同时,随着两种材料的热膨胀系数比的增大,倒梯形点阵 y 方向热膨胀系数的导数也减小。由此可见,随着热膨胀系数比的增大,倒梯形点阵的负热膨胀增加越来越小。三角形点阵的 y 方向等效热膨胀系数与倒梯形点阵的变化趋势一致,随着热膨胀系数比的增大,三角形点阵的 y 方向等效热膨胀系数逐渐减小。两者相比,倒梯形点阵的热膨胀系数是三角形点阵的热膨胀系数的两倍以上。这是因为倒梯形点阵具有复合杆的调节作用,使得倒梯形点阵的等效热膨胀系数增大。

随着热膨胀系数比的增大,倒梯形点阵斜杆上的最大应力逐渐增大。这是因为热膨胀系数比的增大使得斜杆的旋转角度增大,而倒梯形结构采用固定连接,那么,斜杆的变形随着热膨胀系数比的增加而增加。当热膨胀系数比非常大时,斜杆的最大应力就会超过材料的屈服应力,从而引起结构的破坏与失效。因此,应该选择较小的热膨胀系数比。

综上,热膨胀系数比的增大可以使倒梯形点阵实现更大的负热膨胀,但是其增加速度逐渐减小,同时,其结构的最大热应力,尤其是斜杆上的热应力也随之增大。所以在倒梯形点阵结构的热膨胀系数比选择时,应该兼顾结构的等效热膨胀系数和结构热应力,在满足所需要的负热膨胀系数的条件下,选择较小的热膨胀系数比。

3.4.2 长杆与虚拟杆的长度比

长杆-虚拟杆的长度比对复合杆的等效热膨胀系数有很大的影响。复合杆结构的热变形决定倒梯形点阵斜杆下端的变形,因此,长杆-虚拟杆的长度比对双材料倒梯形点阵的等效热膨胀系数有很大的影响。本节通过有限元仿真,研究长杆-虚拟杆的长度比对双材料倒梯形点阵的等效热膨胀系数和斜杆最大应力的影响,并将双材料倒梯形点阵与传统的三角形点阵进行比较。

采用控制变量法,仅改变长杆-虚拟杆的长度比,保持其他参数不变,即:所选择材料仍为铝合金和钛,虚拟杆长度是 24mm,上底长度是 120mm,倒梯形点阵高度为 30mm,所有杆的宽度是 5mm,所有杆的厚度是 5mm。然后通过有限元仿真进行计算,得到不同长度比时双材料倒梯形点阵的等效热膨胀系数和斜杆最大应力。长杆-虚拟杆的长度比从 2 变化到 10,其通过在几何模型中保持虚拟杆的长度不变,改变长杆的长度实现。当长杆-虚拟杆的长度比为 1 时,复合杆退化为长杆,倒梯形点阵两个斜边的下端通过长杆直接连接。此时,倒梯形点阵 y 方向的等效热膨胀系数等于具有相同高度和底角的传统三角形点阵的等效热膨胀系数。

图 3.14 给出了不同长杆-虚拟杆长度比时,双材料倒梯形点阵的 y 方向等效热膨胀系数和斜杆上的最大应力的仿真结果。随着长度比的逐渐增大,倒梯形点阵线性的 y 方向负热膨胀系数逐渐增大。这是由于随着长度比的增大,复合杆的虚拟杆的等效负热膨胀增大,那么,短杆的内端会推动斜边下端产生更大的旋转角度,使得倒梯形点阵在垂直方向上产生更大的收缩。因此,倒梯形点阵的等效 y 方向负热膨胀系数逐渐增大。此外,与相同高度、相同底角的三角形点阵的等效热膨胀系数相比,倒梯形点阵的 y 方向负热膨胀系数大于三角形点阵的负热膨胀系数。这是因为短杆的内端会推动斜边产生一个额外的旋转。仿真结果表明,复合杆可以显著提高点阵的热膨胀调控范围。

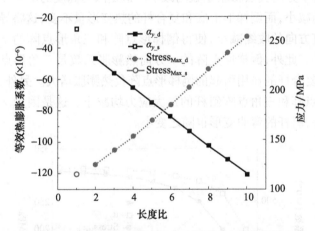

图 3.14 长杆与虚拟杆的长度比对倒梯形点阵性能的影响

随着长度比的增大,倒梯形点阵斜杆上的最大应力逐渐增大。这是由于随着长度比的增大,复合杆的短杆向内的热变形增大,短杆的内端会推动斜边下端产生更大的旋转角度,而点阵采用固定连接,斜杆将会产生更大的弯曲变形,所以斜杆上的最大热应力随着长度比的增大而逐渐增大。

综上,长度比的增大可以使倒梯形点阵实现更大的负热膨胀,但是,其结构的热应力,尤其是斜杆上的热应力也随之增大。所以在倒梯形点阵结构设计中应该兼顾结构的等效热膨胀系数和结构热应力。另外,可以通过改变结构的连接方式,使得结构的应力得以释放,从而减小结构的热应力。

3.4.3 点阵的高度

点阵的高度是倒梯形点阵另一个重要的参数。在其他参数固定的情况下，晶格高度的改变会引起倒梯形点阵几何构型的变化，导致斜边的长度和倒梯形点阵底角的变化，其决定了倒梯形点阵底角的大小。点阵的高度不仅影响倒梯形点阵的等效热膨胀系数，而且影响点阵的应力和等效密度。固定长杆-虚拟杆的长度比为5，虚拟杆长度为24mm，上底长度为120mm，所有杆的宽度为5mm，所有杆的厚度为5mm。点阵的高度从6mm变化到30mm，其间隔为3mm，建立不同高度的倒梯形点阵模型。然后，通过有限元仿真，得到不同点阵高度时双材料倒梯形点阵的等效热膨胀系数和斜杆最大应力。

图3.15显示了不同高度时倒梯形点阵和三角形点阵的y方向热膨胀系数和斜杆最大应力。由热膨胀系数曲线可以看出，随着高度的增大，倒梯形点阵和三角形点阵的y方向负热膨胀系数均减小。这是因为高度的增大使得斜边与竖直方向的夹角减小，而倒梯形上底和复合杆的热变形量不变，这将导致斜边的旋转引起的垂直方向的收缩减小，使得倒梯形点阵和三角形点阵的y方向负热膨胀系数均减小。此外，倒梯形点阵的y方向热膨胀系数是三角形点阵的2倍以上，这是由于复合杆的作用引起的倒梯形点阵负热膨胀增大。另外，随着高度的增加，倒梯形点阵和三角点阵斜杆的最大应力均减小。这是因为y方向的负热膨胀系数变小，斜杆的弯曲变形也随之变小。

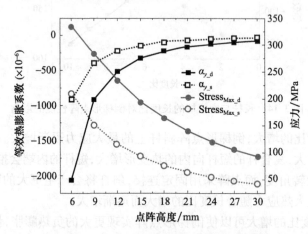

图3.15 点阵高度对倒梯形点阵性能的影响

随着高度的减小，倒梯形点阵的y方向负热膨胀系数增大，但是，倒梯形点阵的等效密度逐渐增大。如果倒梯形点阵的高度减小到接近零，则没有足够的空间进行负热变形，而且杆件之间会产生干涉。此外，当高度小于6mm时，继续降低高度会导致斜杆的最大应力迅速增加。综合考虑,在满足负热膨胀要求的前提下,应该选择更大的点阵高度,既可以实现结构的轻量化,又可以减小结构应力。

本节通过有限元仿真,研究了热膨胀系数比、长杆和虚拟杆的长度比和高度变化对倒梯形点阵性能的影响规律。这三个参数都可以改变倒梯形点阵结构的等效热膨胀系数。在倒梯形点阵设计的初始阶段就必须确定热膨胀系数比,热膨胀系数比值为 1~6,点阵的负热膨胀增长较快;大于 6 之后,增长速度越来越慢。随着高度的降低,倒梯形点阵的底角不断减小,其等效负热膨胀迅速增大,但同时倒梯形点阵的承载能力下降。复合杆的引入,使得倒梯形点阵比三角形点阵的热膨胀系数更大,并且长度比的增加使倒梯形点阵的负热膨胀几乎呈线性增大,其使得点阵的结构设计更灵活。倒梯形点阵结构的应力与变形有关,结构的负热膨胀越大,应力越大。

3.5　本章小结

本章提出了双材料复合杆结构,并推导了双材料复合杆的热膨胀计算公式,根据该公式,分析了两种材料的热膨胀系数比值与杆件长度比值对双材料复合杆的热膨胀系数的影响规律。结果表明,两种材料的热膨胀系数比例越大,可以实现越大的负热膨胀;长杆-虚拟杆的长度比越大,双材料复合杆的等效负热膨胀系数越大。然后基于双材料复合杆,提出了多层复合杆,并利用几何构型,给出了由复合杆构成的点阵结构;进一步,将复合杆与三角形结构相结合,利用复合杆替换三角形点阵结构中热膨胀系数较小的杆件,提出了双材料复合杆与三角形点阵联合结构、双材料复合杆与 Steeves 点阵联合结构、双材料复合杆与对顶角点阵联合结构和双材料复合杆与人字形点阵联合结构,丰富和扩展了可调控点阵构型。

基于双材料复合杆与三角形结构相结合的思路,提出了一种倒梯形点阵结构,推导了其热膨胀计算公式。根据该公式分析,倒梯形点阵结构具有比三角形结构更大的负热膨胀系数,扩大了点阵结构的热膨胀调控范围。然后利用有限元分析,分别研究了两种材料的热膨胀系数比,长杆-虚拟杆的长度比和点阵的高度对倒梯形点阵性能的影响,仿真结果表明,为了降低结构的应力,在满足结构热膨胀系数的条件下,应该选择较小的热膨胀系数比、较小的长杆-虚拟杆的长度比和较大的点阵高度。

第4章 材料性能温变对点阵热膨胀系数的影响规律分析

4.1 引言

温度升高,会导致材料的性能发生较大的变化,特别是材料的热膨胀系数和杨氏模量。在第3章的计算中,没有考虑材料的性能温变对点阵结构的热膨胀系数的影响。实际上,材料性能温变会引起点阵结构的热膨胀性能改变,使得其与理论计算值有较大偏差。研究材料性能温变对点阵结构的热膨胀性能的影响,可以更为准确地预测点阵的等效热膨胀系数。

目前,大多数负热膨胀点阵研究都回避了这个问题,而通过实验测量材料的热膨胀系数和杨氏模量过程复杂,测量成本高,得到的测量数据比较少;而通过分子动力学模拟,可以得到材料性能随温度的变化规律,其模拟可以得到大量的数据,并且成本较低。本章基于分子动力学模拟,研究温度对材料的热膨胀系数和杨氏模量的影响,得到材料的热膨胀系数和杨氏模量性能预测公式;然后利用有限元仿真,研究材料性能温变对倒梯形点阵等效热膨胀系数的影响规律,进而提高负热膨胀点阵结构热膨胀系数的预测能力,为下一步异质材料结构连接设计提供更为精确的指导。

4.2 热膨胀系数温变对点阵热膨胀系数的影响规律分析

分子动力学模拟是研究材料属性的有效手段,通过选择合适的势函数模型,可以准确预测材料的晶格常数、热膨胀系数等性能,本节通过分子动力学模拟,以金属铝为例,研究铝的晶格常数与温度的关系,并通过计算得到铝的热膨胀系数随温度的变化规律。

4.2.1 晶格间距与温度关系的模拟流程

随着温度的升高,原子的振动加剧,使得材料的晶格间距增大。利用分子动力学模拟温度升高引起的晶格间距变化,可以得到晶格间距随温度的变化规律,

第 4 章　材料性能温变对点阵热膨胀系数的影响规律分析

进而通过计算可以得到材料的热膨胀系数与温度的关系。其模拟流程如图 4.1 所示，主要包括以下步骤：

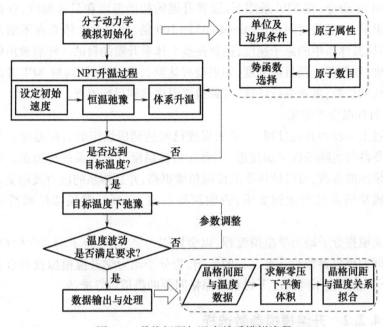

图 4.1　晶格间距与温度关系模拟流程

1. 初始化

初始化是指在分子动力学模拟的文件中定义模拟所需要的参数，包括单位、边界条件、原子类型、晶胞的类型及初始晶格常数，以及定义模拟盒子、选择势函数等。

2. 升温过程

在分子动力学模拟升温过程中，体系结构会发生热膨胀，整个体系的体积是变化的，所以选择等温等压系综（NPT）。升温过程是模拟的关键环节，主要包括以下步骤。

1）设置原子的初始速度

初始速度一般由给定温度下麦克斯韦-玻耳兹曼分布随机赋予各个原子。对于 NPT 系综，初始速度温度不能为零，所以选取初始温度为 2.5K，通过速度设置命令为各原子赋予初始速度。

2）在初始温度下弛豫

在每个原子赋予初始速度后，由于其速度是随机赋予的，各个原子在初始状态下并不是处于平衡状态。所以需要在初始温度下进行弛豫，使各个原子之间进行相互作用，位置和速度进行迭代和调整，从而使得整个体系更加平衡，为下一步升温做好准备。

3）在 NPT 系综下升温

利用 fix 命令,在 NPT 系综下,设置升温的初始温度和最终温度,选择合适的升温阻尼,一般取时间步长(timestep)的 100 倍,使得整个体系在不断地迭代中,逐渐提高体系中的原子速度,达到使整个体系升温的目的。然后输出体系的最终温度,看是否达到目标温度,如果没有达到目标温度,则调整 NPT 升温的参数和迭代的步数,重新进行计算,直到最终温度达到目标温度。

3. 目标温度下弛豫

通过上一步的升温过程,体系的温度已经达到所设定的目标温度。为了使得模拟条件与实际条件更加接近,需要在目标温度下对体系进行弛豫。通过调整弛豫模拟的参数,可以使体系的控温精度更高,并且体系的压力波动更小。然后判断模拟结果是否达到要求,否则调整参数,直到升温模拟结果符合要求为止。

下面根据分子动力学模拟流程,以金属铝为例,建立分子动力学模拟模型,研究不同的模拟参数对升温过程的影响,为分子动力学升温模拟找到合适的参数,为下一步研究不同温度下材料的晶格间距的模拟做好准备。

4.2.2 升温模拟参数选择

根据4.2.1 节的模拟流程,以金属铝为例,建立分子动力学模拟模型。对于金属体系模拟,选择单位(unites)为 metal,采用周期性边界条件,原子类型选择 atomic,晶胞类型为面心立方(fcc),初始晶格常数为 4.045Å,势函数选择嵌入原子势函数(EAM),时间步长选择为 0.01 fs。首先在 2.5K 的温度下,进行弛豫,迭代步数为 10000 步;然后,进行 NPT 升温,从 2.5K 升温到 200K,迭代步数为 130000 步;最后,在 NPT 系综下进行弛豫,迭代步数为 10000 步,使体系的温度稳定在 200K。

1. 体系原子数目

对于分子动力学模拟,最理想的情况就是所建立模型与实际的结构完全一致,包括原子数目和体系所处的环境。尽管使用高性能计算机进行模拟,也只能模拟百万、千万量级的原子数目。对于实际的宏观结构,其原子数目以阿伏伽德罗常数($N = 6.02 \times 10^{23}$)计算,其原子数目的规模远远超出了计算机的算力,所以不可能完全按照宏观实际来建立分子动力学模型。而当体系原子数目较少时,表面效应对整个体系的运动有很大的影响,使得模拟所得到的结果与宏观材料的性能数值有很大的偏差。周期性边界条件可以消除表面效应的影响。在分子动力学模拟过程中,采用周期性边界条件,可以使用较少的原子数目体系进行

第 4 章 材料性能温变对点阵热膨胀系数的影响规律分析

宏观性能的模拟。目前周期性边界条件已广泛应用于分子动力学模拟过程中。

在升温模拟过程中,选择合适的体系原子数目非常关键。选择较少的原子数目,可以极大地简化计算过程,但是整个体系的温度和压力波动非常大,往往得到的模拟结果波动很大。选择较多的原子数目,其计算时间相应的倍数级增加,但是整个体系惯性大,其温度和压力波动比较小,往往得到的模拟结果更加精确。所以必须通过仿真模拟,在满足模拟精度的条件下,选择较小的体系进行模拟。

1) 不同原子数目对体系温度波动幅度的影响

保证其他模拟条件不变,通过改变体系的晶胞数量,改变体系的原子数目,通过分子动力学模拟,比较其在不同原子数目情况下的温度波动幅度。选择模拟升温后弛豫阶段的数据绘制成曲线进行对比,如图 4.2 所示。

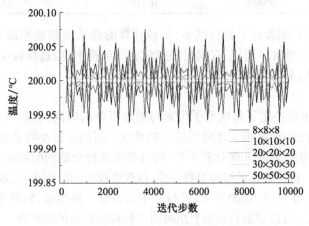

图 4.2　温度波动与原子数目的关系　　　　二维码

从图 4.2 可以看出,在升温后的弛豫过程中,体系的温度在不断振荡。原子数目越少,温度波动越大;随着原子数目增多,整个体系的温度波动显著减小。但当原子体系为 50×50×50 时,体系的温度波动又有所增大。取不同原子数目下的最大波动温度,绘制表格,如表 4.1 所示。

表 4.1　原子数目与温度波动

不同体系	8×8×8	10×10×10	20×20×20	30×30×30	50×50×50
温度波动/K	0.075	0.054	0.034	0.006	0.01

由表 4.1 中数据可以看出,随着原子数目的增加,温度波动呈减小趋势。当体系为 8×8×8 时,温度波动最大,最大波动幅值为 0.075K。当体系为 30×30×30 时,总共有 10800 个原子,其温度波动最小,最大波动幅值为 0.006K。所以

最终选择 30×30×30 原子体系进行分子动力学模拟。

2）不同原子数目对体系计算时间的影响

不同的体系大小，其分子动力学模拟的计算速度不同。体系原子数目越多，其计算的原子速度和位置更多，计算量更大，耗时更久。将不同体系的原子数目和计算时间绘制成表，观察不同原子数目对仿真计算速度的影响，如表 4.2 所示。

表 4.2 原子数目与计算效率

不同体系	原子数目	性能（步/秒）	计算时间
8×8×8	2048	265.623	0:11:33
10×10×10	4000	137.077	0:18:10
20×20×20	32000	17.194	2:22:40
30×30×30	108000	4.534	8:27:44
50×50×50	500000	0.977	39:15:23

由表 4.2 可以看出，随着原子数目增多，每秒计算的迭代步数逐渐减小，导致计算总时间近似线性增加。所以，在满足模拟性能的前提下，应选择较少的原子数目，加快计算速度，节省计算资源。

2. 模拟时间步长

不同的模拟时间步长决定了每次原子位置与速度更新的时间间隔。时间步过大将会导致模拟结果的振荡，极大地降低模拟的精度。时间步过小将会使得模拟过程缓慢，需要更多的计算步才能达到平衡，所以必须选择合适的时间步长，使得模拟结果更加稳定。保持其他的模拟参数不变，仅改变模拟的时间步长，取升温弛豫的结果，在 NPT 系综下，弛豫 2000 步，进行分子动力学升温弛豫，如图 4.3 所示。通过对比这些结果，可以更加直观地看出时间步长对模拟结果的影响。

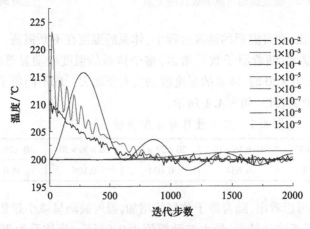

图 4.3 温度波动与时间步长的关系　　　　二维码

第 4 章　材料性能温变对点阵热膨胀系数的影响规律分析

由图 4.3 中曲线可以看出，在不同的时间步长时，随着迭代步数的增加，体系的温度逐渐逼近目标温度（200 K），并且体系温度呈振荡减小的趋势。对比不同时间步长的最大温度波动幅值，发现当时间步长为 0.001 fs 时，温度波动幅值最大。当时间步长大于 1×10^{-6} fs 时，温度波动都比较小。取不同时间步长下的最大波动温度，绘制成表格，如表 4.3 所示。

表 4.3　时间步长与温度波动

不同时间步长/fs	1×10^{-2}	1×10^{-3}	1×10^{-4}	1×10^{-5}	1×10^{-6}	1×10^{-7}	1×10^{-8}	1×10^{-9}
温度波动/K	10.7	23.3	15.9	0.12	0.007	0.006	0.006	0.006

由表 4.3 中数据可以看出，对比不同时间步长体系温度的变化，随着时间步长增大，体系温度振荡先增大再减小。当时间步长为 0.001 fs 时，体系温度波动最大，最大波动值为 23.3 K；当时间步长大于 1×10^{-6} fs 时，体系温度波动小于 0.01 K。考虑到时间步长越小，体系的速度与位置更新越慢，升温过程越耗时间，在温度波动幅度最小的情况下，最终选择时间步长为 1×10^{-7} fs。

3. 保温模拟阻尼

分子动力学升温模拟的阻尼可以有效抑制体系温度的波动，使得体系温度更好地收敛到目标温度。阻尼过小，体系的温度容易振荡，温度波动就大。在其他模拟参数不变时，改变不同的阻尼进行弛豫，弛豫迭代步数为 2000 步，进行分子动力学升温后弛豫，得到的温度数据绘制温度波动曲线如图 4.4 所示。

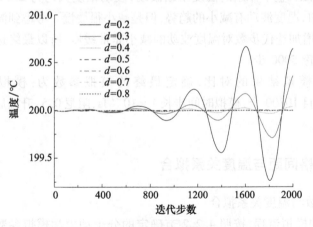

图 4.4　温度波动与模拟阻尼的关系

二维码

根据图 4.4 中的温度波动曲线所示，阻尼越小，温度的波动越大。当阻尼系数小于 0.4 时，温度随着迭代步数的增加，呈发散趋势，温度偏差较大。当阻尼大于 0.4 时，温度波动较小，并呈收敛趋势。考虑到，阻尼越大，整个体系需要更多的时间来达到平衡，并且最终温度会偏离目标温度，所以最终选择体系升温阻尼为 0.5。

4. 迭代总步数

整个体系通过 NPT 升温过程已经达到目标温度,但是还需要一定的迭代步数跑平衡,进一步释放体系的应力,使得模拟结果精度更高。迭代步数的不同,体系最终的温度波动也不同。这里分别给出了迭代步数为 2500 步、5000 步、10000 步和 20000 步的温度变化数据,绘制成曲线如图 4.5 所示。

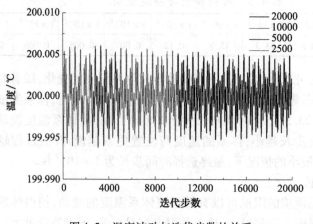

图 4.5　温度波动与迭代步数的关系　　　　　二维码

从图 4.5 可以看出,整个体系的温度不断波动,波动幅度大约为 ±0.006K。随着迭代步数的增加,温度波动有减小的趋势,但是减小很缓慢。考虑到温度波动已经小于 0.01K,增加迭代步数对温度波动的减小非常缓慢,所以最终选择在 NPT 系综下,恒温弛豫 5000 步。

通过不同参数模拟结果的对比,确定最终的模拟参数为:模拟盒子 $30 \times 30 \times 30$,原子数目 10800 个,模拟时间步长 1×10^{-7} fs,阻尼 0.5,升温后弛豫迭代步数为 5000 步。

4.2.3　晶格间距与温度关系拟合

1. 铝的晶格常数与温度关系拟合

根据 4.2.1 节的模拟流程,按照 4.2.2 节确定的分子动力学模拟参数进行升温模拟。在 2.5 K 的温度下,为各原子分配速度并进行弛豫,迭代步数为 10000 步。进行 NPT 升温,从 2.5K 升温到 200K,升温阻尼为 0.5,迭代步数为 130000 步。然后进行恒温弛豫,迭代步数为 5000 步。然后每隔 20K,进行 NPT 升温,迭代步数为 10000 步,并重复恒温弛豫,迭代步数为 5000 步。整个升温范围为 200~700K。

第 4 章 材料性能温变对点阵热膨胀系数的影响规律分析

但是在模拟过程中,当温度稳定时,体系的压力和体积在不断振荡,需要很长的模拟时间才能趋于稳定。为了得到确定温度下的晶格常数,必须得到准确的体积。在温度稳定的情况下,整个体系的总能基本保持不变。那么根据固体的状态方程,体系的压力和体积满足 Birch–Murnaghan 方程[122]。

$$P(V) = \frac{3}{2}B_0\left[\left(\frac{V_0}{V}\right)^{\frac{7}{3}} - \left(\frac{V_0}{V}\right)^{\frac{5}{3}}\right] \cdot \left\{1 + \frac{3}{4}(b_1 - 4) \cdot \left[\left(\frac{V_0}{V}\right)^{\frac{5}{3}} - 1\right]\right\} \quad (4.1)$$

根据分子动力学模拟得到体系的压力和体积数据,通过拟合可以求得不同温度下的 Birch–Murnaghan 固体状态方程的各参数。计算出整个体系在零压下的平衡体积,进而通过计算得到晶格常数。

如图 4.6 所示为在 200K、恒温弛豫过程中,体系的体积与压强变化曲线。由图 4.6 中曲线可以看出,体积与压力在不断震荡,并且没有明显的收敛趋势。所以必须通过 Birch–Murnaghan 固体状态方程拟合,最终得到体系的平衡体积。在不同温度模拟过程中,将体系的温度、体积和压强输出并保存,并利用固态方程进行拟合,最终得到不同温度下的体系平衡体积,其数据如表 4.4 所示。

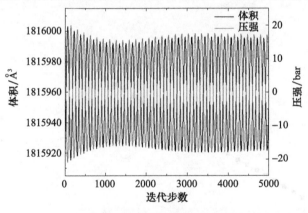

图 4.6 体积与压强的波动关系   二维码

表 4.4 不同温度下铝原子体系的平衡体积

温度/℃	体积/Å³	温度/℃	体积/Å³	温度/℃	体积/Å³	温度/℃	体积/Å³	温度/℃	体积/Å³
220	1815710.98	320	1827454.62	420	1839422.5	520	1852057.55	620	1865368.82
240	1818059.88	340	1829762.58	440	1841944.45	540	1854622.67	640	1868021.75
260	1820402.50	360	1832184.13	460	1844375.62	560	1857077.66	660	1871061.54
280	1822692.69	380	1834626.76	480	1846958.7	580	1859934.54	680	1873604.33
300	1825132.83	400	1837015.21	500	1849337.92	600	1862526.31	700	1876365.84

由于整个体系为 $30 \times 30 \times 30$ 的晶胞,那么晶格间距可以通过以下公式计算得到。

$$a = \left(\frac{V_0}{30^3}\right)^{\frac{1}{3}} \tag{4.2}$$

其中，a 为晶格间距，V_0 为体系的平衡体积。利用表 4.3 所得的体积数据代入公式(4.2)进行计算，可以得到不同温度下的晶格间距，如表 4.5 所示。

表 4.5 不同温度下铝的晶格间距

温度/℃	体积/Å	温度/℃	体积/Å	温度/℃	体积/Å	温度/℃	体积/Å	温度/℃	体积/Å
220	4.066564	320	4.075313	420	4.08419	520	4.09352	620	4.103304
240	4.068317	340	4.077028	440	4.086055	540	4.095409	640	4.105248
260	4.070064	360	4.078825	460	4.087852	560	4.097215	660	4.107473
280	4.07177	380	4.080637	480	4.089756	580	4.099315	680	4.109333
300	4.073586	400	4.082407	500	4.091515	600	4.101218	700	4.111351

根据不同温度下的晶格间距数据，绘制成晶格间距与温度的关系曲线，如图 4.7 所示。

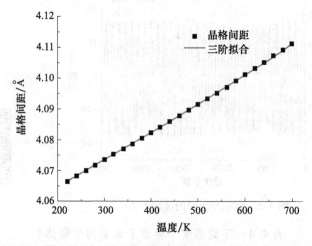

图 4.7 铝的晶格间距与温度的关系

由图 4.7 可以看出，晶格间距随着温度的增加逐渐增大，这与材料实际测量的热膨胀系数变化规律一致。为了减小体积波动带来的晶格间距随机误差，得到晶格间距随温度变化的关系式，进行晶格常数与温度的三阶多项式拟合。令

$$a_{Al} = C_0 + C_1 T + C_2 T^2 + C_3 T^3 \tag{4.3}$$

通过拟合得到铝的晶格间距与温度的关系式为

$$a_{Al} = 4.04526 + 1.04083 \times 10^{-4} T - 4.65906 \times 10^{-8} T^2 + 4.74312 \times 10^{-11} T^3 \tag{4.4}$$

利用该公式可以计算不同温度下的晶格间距，进一步可以计算材料的热膨

胀系数。

2. 钛的晶格常数与温度关系的拟合

与铝的计算过程类似,在不同温度模拟过程中,将体系的温度、体积和压强输出并保存。利用 Birch-Murnaghan 方程,得到特定温度下体系的总体积,然后计算当前温度下体系的晶格间距。

钛为密排立方点阵(hcp)结构,对于 hcp 结构,其体积计算公式为

$$V = a \times \sqrt{3}a \times 1.633a = 2.8284a^3 \tag{4.5}$$

那么根据公式(4.5),就可以计算当前温度下体系的晶格常数,如表 4.6 所示。

表 4.6 不同温度下钛的晶格间距

温度/℃	体积/Å	温度/℃	体积/Å	温度/℃	体积/Å	温度/℃	体积/Å	温度/℃	体积/Å
220	2.940332	320	2.941839	420	2.944109	520	2.946864	620	2.95024
240	2.940601	340	2.942228	440	2.944649	540	2.947512	640	2.950771
260	2.940831	360	2.942635	460	2.945116	560	2.948066	660	2.951566
280	2.94115	380	2.94308	480	2.94572	580	2.948793	680	2.942328
300	2.94149	400	2.943598	500	2.9463	600	2.949438	700	2.95303

根据分子动力学模拟得到的不同温度下的晶格间距数据,绘制钛的晶格间距与温度曲线,如图 4.8 所示。

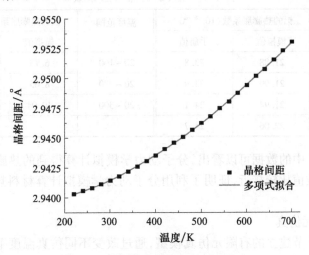

图 4.8 钛的晶格间距与温度的关系

由图 4.8 可以看出,晶格间距随着温度的增加逐渐增大,与钛的热膨胀规律一致。同样,进行晶格常数与温度的三阶多项式拟合。令

$$a_{\text{Ti}} = C_0 + C_1T + C_2T^2 + C_3T^3 \tag{4.6}$$

通过拟合得到钛的晶格常数与温度的关系式为

$$a_{\text{Ti}} = 2.93997 - 9.16739^{-6}T + 5.29723 \times 10^{-8}T^2 - 1.89234 \times 10^{-11}T^3 \tag{4.7}$$

4.2.4 热膨胀系数温变对倒梯形点阵热膨胀性能的影响

1. 两种材料不同温度段的热膨胀系数计算

随着温度的升高,材料的热膨胀系数会逐渐增大,进而会对倒梯形点阵的等效热膨胀系数的计算带来偏差,下面通过有限元仿真,研究材料的热膨胀系数温变对点阵等效热膨胀系数的影响。根据4.2.3节得到的晶格间距与温度的计算公式,可以得到两种材料在不同温度段的平均热膨胀系数计算公式:

$$\alpha = \frac{a_{T_1} - a_{T_2}}{a_{T_2}(T_1 - T_2)} \tag{4.8}$$

利用公式(4.4)、式(4.7)计算得到不同温度下铝和钛的晶格间距,将其代入公式(4.8),就可以得到两种材料在不同温度段的热膨胀系数。

为了验证分子动力学模拟计算材料的热膨胀系数的有效性,将模拟值与手册值进行对比。通过手册可以查得不同温度段的铝和钛材料在不同温度时的热膨胀系数[120-121],同时,可以通过公式计算同样温度范围内的平均热膨胀系数,将所得到的数据绘制成表,如表4.7所示。

表4.7 铝、钛的热膨胀系数

温度范围/℃	铝的热膨胀系数(10^{-6}/℃)		温度范围/℃	钛的热膨胀系数(10^{-6}/℃)	
	模拟值	手册值		模拟值	手册值
25~100	21.88	23.8	20~100	6.73	8.2
25~125	21.90	23.9	20~200	8.65	8.6
25~150	21.94	24.1	20~300	10.04	8.8
25~200	22.06	24.7			

由表4.7中的数据可以看出,分子动力学模拟计算得到的热膨胀系数与手册中查到的数值比较接近,证明了利用分子动力学模拟计算材料热膨胀系数的有效性。

2. 有限元仿真

根据3.5节建立的有限元仿真模型,通过改变不同仿真温度下的材料热膨胀系数,得到材料热膨胀系数温变条件下点阵的热变形量,进一步计算得到其等效热膨胀系数。温度变化从20℃到200℃,温度间隔为20℃。每个温度点的热膨胀系数通过公式(4.8)计算得到,两种材料的热膨胀系数计算值如表4.8所示。

表4.8 不同温度下铝、钛的热膨胀系数计算值

温度/℃	热膨胀系数(10^{-6}/℃)		温度/℃	热膨胀系数(10^{-6}/℃)	
	铝	钛		铝	钛
20	—	—	120	21.92	7.85
40	21.83	6.02	140	22.01	7.85
60	21.81	6.5	160	22.13	7.85
80	21.82	6.97	180	22.28	7.85
100	21.85	7.41	200	22.45	7.85

然后分别在不同温度点进行有限元仿真,得到如图3.11所示O_1O_3段的长度变化,计算倒梯形点阵y方向的热变形量,并计算点阵的等效热膨胀系数。根据仿真结果数据绘制等效热膨胀系数-温度曲线,如图4.9所示。

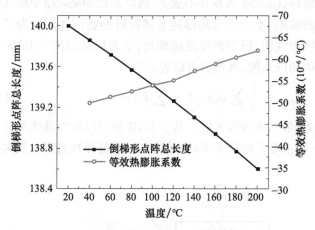

图4.9 材料热膨胀系数温变对点阵热膨胀系数的影响　　二维码

图4.9显示了倒梯形点阵的总长度随温度的变化曲线和点阵的等效热膨胀系数随温度的变化曲线。由总长度-温度曲线可以看出,随着温度的升高,整个点阵沿y方向的总长度逐渐减小,点阵表现出负热膨胀。根据等效热膨胀-温度曲线,随着温度的升高,倒梯形点阵的等效负热膨胀系数逐渐增大。这是由于温度的升高导致材料的热膨胀系数逐渐增大,从而导致点阵结构的各杆件的热变形增大,使得可调控热膨胀点阵的等效负热膨胀值随着温度的升高而增大。

对于固定连接的负热膨胀点阵结构,温度升高,杆件之间的协调变形使得结构内部产生应力,而结构的内部应力会产生额外的应变,进而对点阵的实际热膨胀预测带来误差。此外,材料的杨氏模量会随着温度的升高逐渐减小,从而使得结构内部应力应变发生变化,并对点阵的等效热膨胀带来一定的影响。所以,研

究材料的杨氏模量随温度升高的变化规律,进而计算其对点阵的等效热膨胀系数的影响,可以更加准确地预测可调控热膨胀点阵的等效热膨胀。

4.3 理论杨氏模量与温度的关系拟合

本节利用分子动力学模拟,基于嵌入势函数,通过六个独立方向改变模拟盒子大小的方式加载,最终计算变形量的微分,进而得到弹性矩阵并得到材料的杨氏模量。通过计算不同温度下的杨氏模量,再通过多项式拟合得到杨氏模量与温度的关系。

▲ 4.3.1 基于嵌入势函数的杨氏模量计算流程

对于大多数金属材料,Cauchy 关系并不成立,所以采用 Morse 原子相互作用势得到的结果有明显的缺陷,不能正确地描述金属材料的物理性质。为了更准确地描述金属材料的物理性质,根据密度泛函理论,学者们又提出了 EAM 相互作用势。它包含对势项和嵌入能,其模型可以表示为

$$E_{\text{total}} = \frac{1}{2} \sum \varphi_{ij}(r_{ij}) + \sum F_i(\rho_i) \tag{4.9}$$

其中第一项为对势,第二项为嵌入能。基于 EAM 势可以较为准确地计算金属材料的各种性能,下面主要介绍基于 EAM 势的杨氏模量计算流程。其主要流程如图 4.10 所示。

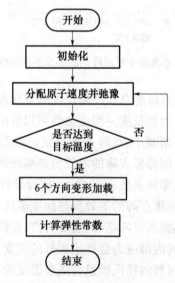

图 4.10 杨氏模量计算流程图

第 4 章　材料性能温变对点阵热膨胀系数的影响规律分析

首先,进行初始化,在分子动力学模拟的文件中定义模拟所需要的参数,其初始化参数与4.2.1节的基本相同,包括单位、边界条件、原子类型、晶胞的类型及初始晶格常数,以及定义模拟盒子、选择势函数等。

然后,根据不同的温度,为各个原子分配初始速度和初始位置。根据4.2.3节得到的晶格间距与温度的计算公式,计算不同温度下的晶格间距,为各原子分配初始位置。再根据麦克斯韦-玻尔兹曼分布为各个原子赋予初始速度。在每个原子赋予初始速度与位置后,由于其速度是随机赋予的,各个原子在初始状态下并不是处于平衡状态。所以需要在初始温度下进行弛豫,使各个原子之间进行相互作用,位置和速度进行迭代和调整,从而使得整个体系更加平衡,释放结构内部应力。通过一定步数的迭代,检查体系是否在目标温度下达到平衡,否则,调整分子动力学模拟参数,重新进行计算,直到体系在目标温度下达到平衡。

最后,对体系进行加载,为了得到材料的弹性系数矩阵,通过直接改变体系的变形进行加载,得到体系变形后的应力和应变,通过计算就可以得到材料的弹性张量矩阵。然后根据弹性张量矩阵和杨氏模量的转换公式,得到不同温度下的杨氏模量。

4.3.2　分子动力学加载与杨氏模量计算公式

根据广义胡克定律,材料的弹性本构关系可以表示为

$$\sigma = D\varepsilon \Rightarrow \begin{bmatrix} \sigma_{11} \\ \sigma_{22} \\ \sigma_{33} \\ \sigma_{12} \\ \sigma_{23} \\ \sigma_{13} \end{bmatrix} = \begin{bmatrix} c_{11} & c_{12} & c_{13} & 0 & 0 & 0 \\ c_{21} & c_{22} & c_{23} & 0 & 0 & 0 \\ c_{31} & c_{32} & c_{33} & 0 & 0 & 0 \\ 0 & 0 & 0 & c_{44} & 0 & 0 \\ 0 & 0 & 0 & 0 & c_{55} & 0 \\ 0 & 0 & 0 & 0 & 0 & c_{66} \end{bmatrix} \begin{bmatrix} \varepsilon_{11} \\ \varepsilon_{22} \\ \varepsilon_{33} \\ \varepsilon_{12} \\ \varepsilon_{23} \\ \varepsilon_{13} \end{bmatrix} \quad (4.10)$$

其中,σ_{ij}为应力张量,ε_{kl}为应变张量,D_{ij}为弹性张量。在分子动力学模拟过程中,通过改变模拟盒子的大小,就可以使得体系产生特定的应变张量,从而模拟材料的加载过程。

如图4.11所示,通过六个不同的方式加载。每一种加载方式,整个体系的应变张量只有一个分量不为0,其余分量皆为0。图4.11(a)表示给 x 方向进行拉伸变形,使得 ε_{11} 应变分量为给定值,其余应变分量皆为0。通过分子动力学模拟就可以得到整个体系的应力张量,那么公式(4.10)可以简化为

$$\begin{cases} \sigma_{11} = c_{11}\varepsilon_{11} \\ \sigma_{12} = c_{21}\varepsilon_{11} \\ \sigma_{13} = c_{31}\varepsilon_{11} \end{cases} \quad (4.11)$$

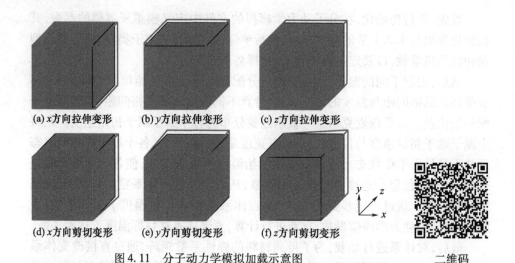

图4.11 分子动力学模拟加载示意图

利用公式(4.11),通过计算就可以得到材料的弹性常数 c_{11}、c_{21}、c_{31}。图4.11(b)表示给 y 方向进行拉伸变形,4.11(c)表示给 z 方向进行拉伸变形,4.11(d)表示给 x 方向进行剪切变形,4.11(e)表示给 y 方向进行剪切变形,4.11(f)表示给 z 方向进行剪切变形。按照同样的方式就可以计算得到各个弹性常数分量,进而得到整个弹性张量矩阵。

对于铝、钛等各向同性的金属材料,那么:

$$\begin{cases} c_{11} = c_{22} = c_{33} \\ c_{12} = c_{13} = c_{23} \\ c_{44} = c_{55} = c_{66} \end{cases} \tag{4.12}$$

然后材料的体积模量 K、泊松比 ν 和杨氏模量 E 可以通过以下公式计算:

$$K = \frac{c_{11} + 2c_{12}}{3}, \nu = \frac{1}{1 + c_{11}/c_{12}}, E = 3K(1 - 2\nu) \tag{4.13}$$

由于分子动力学模拟中,原子速度分配有一定的随机性,导致计算结果有一定的波动。所以,需要通过多次计算,取平均值来减小计算的随机误差。此外,还可以通过拉伸和压缩同时计算体系的弹性常数,然后进行平均,进一步减小由于不同的加载方式带来的计算误差。

4.3.3 杨氏模量计算与拟合

1. 铝的杨氏模量拟合

根据4.3.1节的模拟流程,编写铝的杨氏模量计算代码。首先进行初始化,对于铝原子体系模拟,选择单位为 metal,采取周期性边界条件,原子类型选择

第 4 章 材料性能温变对点阵热膨胀系数的影响规律分析

atomic,晶胞类型为 fcc,初始晶格常数为 4.045Å,势函数选择 EAM 势,时间步长选择为 0.001fs。初始晶格间距根据公式(4.4)计算得到,各原子的初始速度根据麦克斯韦-玻耳兹曼分布指定。加载变形量为 0.002Å。然后在各温度下进行不同方式的加载,并且通过正负对称的加载,计算弹性常数,然后进行平均,进一步减小模拟体系由于不同的加载方式带来的计算误差。此外,每个温度下,进行多次计算,进行平均,减小分子动力学模拟的随机误差。温度范围为 0 ~ 700K,间隔为 10K。

通过分子动力学模拟,得到不同温度下的杨氏模量,绘制杨氏模量随温度的变化曲线,如图 4.12 所示。由图 4.12 可以看出,随着温度的升高,铝的杨氏模量逐渐减小。在 0K 时,铝的杨氏模量为 77GPa,与文献[123]中的数据非常接近。在 273K 时,铝的杨氏模量为 69GPa[120]。说明在低温阶段,分子动力学模拟结果与文献值比较接近。

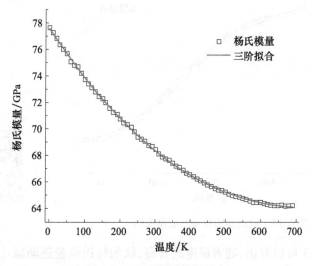

图 4.12 铝的杨氏模量拟合

根据得到的杨氏模量与温度数据,采用最小二乘法进行三阶拟合,可以得到不同温度时,杨氏模量的计算公式:

$$E = -6.7795 \times 10^{-9}T^3 + 3.5346 \times 10^{-5}T^2 - 0.0407 \times T + 77.569 \quad (4.14)$$

根据公式(4.14),可以计算得到,当温度为 528K 时,铝的杨氏模量为 65GPa。而通过手册查到,在实际实验测量中铝在 528K 时,杨氏模量为 43GPa[120]。二者差值非常大,并且对比计算值与手册值,在 400K 以上时,通过公式计算得到的铝的杨氏模量明显大于手册实验值,其只在低温阶段与实验值比较吻合。

2. 钛的杨氏模量拟合

同样,利用分子动力学模拟进行钛的杨氏模量计算。根据 4.3.1 节的模拟流程,编写钛的杨氏模量计算代码。首先进行初始化,对于钛原子体系模拟,选择单位为 metal,采取周期性边界条件,原子类型选择 atomic,晶胞类型为 hcp,初始晶格常数为 2.94Å,势函数选择 EAM 势,时间步长选择为 0.001fs。初始晶格间距根据公式(4.7)计算得到,各原子的初始速度根据麦克斯韦 – 玻耳兹曼分布指定。加载变形量为 0.002Å,然后在各温度下进行不同方式的加载,并且通过正负对称的加载,计算弹性常数,然后进行平均,进一步减小不同的加载方式带来的计算误差。此外,在每个温度下,进行多次计算,取平均值,减小分子动力学模拟的随机误差。温度范围为 0 ~ 700K,间隔为 10K。

利用分子动力学模拟得到钛的杨氏模量数据,绘制杨氏模量与温度的关系曲线,如图 4.13 所示,并通过拟合得到钛的杨氏模量与温度的理论计算公式。

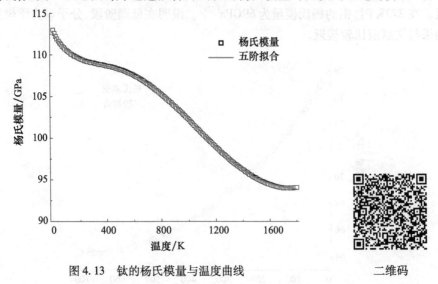

图 4.13　钛的杨氏模量与温度曲线　　　　　　　二维码

由图 4.13 可以看出,随着温度的升高,钛的杨氏模量逐渐减小。在 0K 时,铝的杨氏模量为 112GPa,与文献中的数据非常接近[123]。根据得到的杨氏模量与温度数据,采用最小二乘法进行多项式拟合。拟合过程中发现,采用三阶和四阶拟合时,拟合的偏差较大,采用五阶多项式拟合时,残差较小,所以最终选择五阶拟合,得到不同温度时,杨氏模量的计算公式:

$$E_{Ti} = -1.09917 \times 10^{-14}T^5 + 5.8596 \times 10^{-11}T^4 - 1.06526 \times 10^{-7}10^{-9}T^3 + 7.48274 \times 10^{-5}T^2 - 0.02632T + 112.67125 \qquad (4.15)$$

根据公式(4.15),可以计算不同温度时钛的杨氏模量。在 400 K 以上时,通过公式计算得到的钛的杨氏模量明显大于手册值[121],其只在低温阶段与手册值比较吻合。所以,通过分子动力学模拟的方法只适用于低温下的杨氏模量预测,不适用于高温段的金属材料杨氏模量预测。

4.4 杨氏模量温变对点阵热膨胀系数的影响

分子动力学模拟的方法通过原子相互作用势来描述原子之间的相互作用，其没有考虑材料温度升高后，材料在受力变形过程中，材料中的位错线增加，使得材料呈现出微范性，进一步导致材料的应变增大，从而使得材料的杨氏模量的测量值小于分子动力学模拟的计算值。为了更准确地计算材料的杨氏模量，本节考虑材料的微范性，对杨氏模量的计算结果进行修正。

4.4.1 基于微范性理论的杨氏模量修正理论

实际的材料并不是严格按照晶胞点阵周期排列的，而是由一个个晶粒组成。其在 $\sigma < \sigma_E$ 时，材料表现为完全弹性变形；在 $\sigma_E < \sigma < \sigma_A$ 时，材料表现为可恢复的滞弹性变形；当 $\sigma > \sigma_A$ 时，材料表现出微范性。当温度升高时，这种微范性会使得材料的变形增大，并呈现出一定的非线性，从而使得材料的杨氏模量的测量值小于分子动力学模拟的计算值。

温度升高时，材料中的原子热空位浓度增加，材料的晶体内部产生更密集的位错。根据位错滑移的热激活参量分析[124]：

$$\varepsilon' = bANv_0 e^{\left(-\frac{\Delta G}{kT}\right)} \qquad (4.16)$$

其中，b 为柏氏矢量，A 为位错段在一次热激活后所扫过的面积，N 为位错线的段数，v_0 为位错线振动的固有频率，ΔG 表示位错激活能由其平衡位置等温移至鞍点时，系统的吉布斯自由能变化量。

对于很多材料而言，热激活能的高低决定着所形成点缺陷的密度，而位错滑移引起的塑性应变正比于点缺陷数量。因此，通过位错滑移热激活参量分析可以获得塑性应变和热激活能之间的指数关系：

$$\varepsilon_p = C e^{\left(-\frac{\Delta G}{kT}\right)} \varepsilon_e \qquad (4.17)$$

其中，由热激活产生的微范性应变为 ε_p，弹性应变为 ε_e。那么材料的实际杨氏模量可以表示为[125]：

$$E = \frac{\sigma}{\varepsilon} = \frac{\sigma}{\varepsilon_e + \varepsilon_p} \qquad (4.18)$$

将公式(4.17)代入公式(4.18)，整理可以得到：

$$E = \frac{1}{(1 + C e^{(-\Delta G/kT)})} E_e \qquad (4.19)$$

其中，E_e 为理论杨氏模量，其值已通过分子动力学模拟计算得到；材料的实际杨氏模量可以查手册的实验数据得到。那么就可以通过最小二乘法拟合确定公式(4.19)中的参数 C 和 $\dfrac{\Delta G}{k}$，然后就可以对分子动力学模拟计算得到的杨氏模量进行修正,使得修正后的杨氏模量与实验测试值一致。

4.4.2 杨氏模量修正

根据公式(4.19),知道了理论杨氏模量和实际的杨氏模量数值,就可以通过最小二乘法拟合,得到公式中的未知参量。本节通过该方法分别对铝和钛的分子动力学计算得到杨氏模量进行修正。

1. 铝的杨氏模量修正

根据公式(4.19),并两边取对数,可以变形为

$$\ln\left(\frac{E_e}{E}-1\right) = -\Delta G/kT + \ln C \tag{4.20}$$

由公式(4.20)可以看出,$\ln\left(\frac{E_e}{E}-1\right)$ 与 $\frac{1}{T}$ 呈线性关系。其中,E_e 为铝的理论杨氏模量,其值可以利用公式(4.14)计算得到。E 为铝的实际杨氏模量,可以通过查手册得到。为了计算公式(4.20)中的待定系数,只需要两组不同温度的杨氏模量就可以求解,为了减小计算的误差,采用所有数据进行最小二乘法线性拟合,然后将修正后的曲线与手册值对比,看其是否符合材料的实际杨氏模量变化规律。

表4.9中给出了不同温度点铝的杨氏模量实验值[120]。随着温度的升高,材料的杨氏模量逐渐减小。采用所有数据进行公式(4.20)中待定参数的计算。利用分子动力学模拟得到的理论杨氏模量和手册查到的杨氏模量数值,绘制 $\ln\left(\frac{E_e}{E}-1\right)$ 与 $\frac{1}{T}$ 关系曲线。

表4.9 手册中不同温度下铝的杨氏模量

	温度/K					
	373	398	423	448	473	528
杨氏模量/GPa	67	64	62	57	52	43

图4.14给出了不同温度下 $\ln\left(\frac{E_e}{E}-1\right)$ 与 $\frac{1}{T}$ 的关系,并利用最小二乘法线性拟合,通过拟合得到:

$$-\Delta G/kT + \ln C = -4559.2/T + 8.14416 \tag{4.21}$$

对应项的系数应该相等,通过计算可以得到:

$$\begin{cases} \Delta G/k = 4559.2 \\ C = e^{8.14416} = 3443.2 \end{cases} \tag{4.22}$$

公式(4.20)可以表示为

$$\ln\left(\frac{E_e}{E}-1\right) = \frac{-4559.2}{T} + 8.14416 \tag{4.23}$$

第 4 章 材料性能温变对点阵热膨胀系数的影响规律分析

将分子动力学模拟得到的铝的杨氏模量理论计算公式代入公式(4.23),那么铝的修正后的杨氏模量最终预测公式为

$$E = \frac{-6.7795 \times 10^{-9} T^3 + 3.5346 \times 10^{-5} T^2 - 0.0407 \times T + 77.569}{(1 + 3443.2 e^{(-4559.2/T)})} \quad (4.24)$$

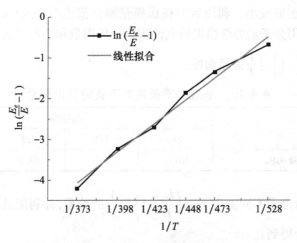

图 4.14 铝的杨氏模量参数拟合

利用公式(4.24),计算不同温度点的杨氏模量,绘制通过微范性修正后的铝杨氏模量曲线,如图 4.15 所示。由图 4.15 可以看出,当温度较低时,杨氏模量减小缓慢;当温度大于 400K 时,杨氏模量减小速度陡然增大。这是由于温度较高时,微范性产生的材料应变增大,导致材料的杨氏模量减小加剧。与手册中的实验值对比,修正后的值与手册值吻合良好,说明利用微范性修正后的铝杨氏模量计算公式可以更为精确地预测材料的杨氏模量。

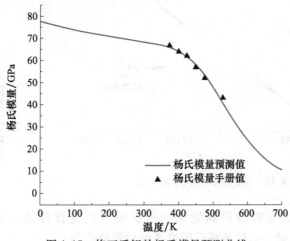

图 4.15 修正后铝的杨氏模量预测曲线

2. 钛的杨氏模量计算

采用同样的办法,考虑微范性变形对杨氏模量的影响,对钛的杨氏模量进行修正。

表 4.10 给出了不同温度点钛的杨氏模量测量值[121]。随着温度的升高,材料的杨氏模量逐渐减小。利用钛的杨氏模量测量值进行公式(4.20)中待定参数的计算。利用分子动力学模拟得到的理论杨氏模量和手册查到的杨氏模量数值,绘制 $\ln\left(\dfrac{E_e}{E}-1\right)$ 与 $\dfrac{1}{T}$ 关系曲线。

表 4.10　手册中不同温度下钛的杨氏模量

	温度/K			
	293	373	423	473
杨氏模量/GPa	107.9	102	93.2	88.3

图 4.16 给出了不同温度下 $\ln\left(\dfrac{E_e}{E}-1\right)$ 与 $\dfrac{1}{T}$ 的关系,并利用最小二乘法线性拟合,通过拟合得到:

$$-\Delta G/kT + \ln C = 3.69483 - 2390.4/T \quad (4.25)$$

通过计算可以得到:

$$\begin{cases} \Delta G/k = 2390.4 \\ C = e^{3.69483} = 40.24 \end{cases} \quad (4.26)$$

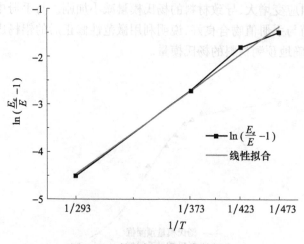

图 4.16　钛的杨氏模量参数拟合

二维码

将分子动力学模拟得到的钛的杨氏模量理论计算公式(4.15)代入公式(4.20),那么修正后钛的杨氏模量最终预测公式为

$$E = (-1.09917 \times 10^{-14}T^5 + 5.8596 \times 10^{-11}T^4 - 1.06526 \times 10^{-7}10^{-9}T^3 +$$
$$7.48274 \times 10^{-5}T^2 - 0.02632T + 112.67125)/(1 + 40.24e^{(-2390.4/T)})$$
(4.27)

利用公式(4.27),计算不同温度点钛的杨氏模量,绘制通过微范性修正后的钛杨氏模量曲线,如图 4.17 所示,并与手册查到的钛的杨氏模量实际值进行对比。

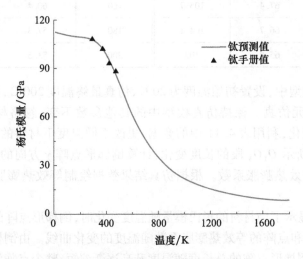

图 4.17 修正后钛的杨氏模量预测曲线

由图 4.17 可以看出,当温度较低时,杨氏模量减小缓慢;当温度大于300K 时,杨氏模量减小速度陡然增大;当温度大于 1200K 时,杨氏模量的减小又放缓。这是由于温度大于 300K 时,微范性产生的材料应变增大,导致材料的杨氏模量减小加剧,当温度更高时,材料的状态更为复杂,包括蠕变等,可以验证的数据较少。与手册中可以查到的实验值对比,修正后的数值与手册值吻合良好,说明利用微范性修正后的钛杨氏模量计算公式可以更好地预测材料的杨氏模量。

4.4.3 杨氏模量温变对点阵热膨胀系数的影响

根据 4.4.2 节中得到的两种材料的杨氏模量预测公式,可以较为准确地计算不同温度下铝和钛的杨氏模量。利用有限元仿真,基于 3.3 节的有限元仿真模型,其包含三个沿 y 方向阵列的对称倒梯形点阵。计算不同温度下倒梯形点阵的等效热膨胀系数,研究杨氏模量温变对倒梯形点阵等效热膨胀系数的影响。

表 4.11 给出了不同温度点铝和钛的杨氏模量,其数值通过修正后的杨氏模量计算公式得到。

表4.11 不同温度下铝、钛的杨氏模量计算值

温度/℃	杨氏模量/GPa		温度/℃	杨氏模量/GPa	
	铝	钛		铝	钛
20	68.5	107.9	120	64.6	99.5
40	68	106.9	140	62.8	96.7
60	67.4	105.7	160	60.4	93.5
80	66.7	104.1	180	57.3	89.9
100	65.8	102	200	53.5	86.2

在仿真模型中,设置初始温度为20℃,仿真最终温度200℃,间隔20℃,分9次进行有限元仿真。保持仿真模型中的其他参数不变,忽略材料热膨胀系数随温度的变化,利用表4.11中的数据,更改不同温度下材料的杨氏模量,得到如图3.11所示 O_1O_3 段的长度变化,计算倒梯形点阵 y 方向的热变形量,并计算点阵的等效热膨胀系数。根据仿真结果数据绘制等效热膨胀系数-温度曲线。

图4.18显示了当材料的杨氏模量随温度变化时,倒梯形点阵的总长度随温度的变化曲线和点阵的等效热膨胀系数随温度的变化曲线。由倒梯形的长度曲线可以看出,倒梯形点阵的总长度随温度升高逐渐缩短,整个点阵沿 y 方向的总长度逐渐减小,点阵表现出负的热膨胀。其等效负热膨胀系数随温度的升高略有减小,但是波动不大。所以,材料杨氏模量的变化对点阵的热膨胀系数影响不大。

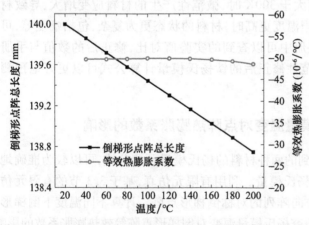

图4.18 杨氏模量温变对倒梯形点阵等效热膨胀系数的影响

二维码

4.5 本章小结

通过分子动力学模拟与有限元仿真相结合,分别研究了温度对材料的热膨胀系数和杨氏模量的影响,并分析了这两个因素对倒梯形点阵的等效热膨胀系数的影响。

研究了热膨胀系数温变对倒梯形点阵等效热膨胀系数的影响规律。分析不同模拟参数对升温过程的影响,确定最佳的分子动力学模拟参数。利用该参数进行分子动力学升温模拟,得到了不同温度下体系的体积压力数据。根据 Birch–Murnaghan 固体状态方程得到了升温后体系的平衡体积,进一步计算出不同温度下晶格间距,并利用最小二乘法拟合得到晶格间距与温度的关系式。利用该关系式,计算了不同温度区间材料的热膨胀系数,并与手册值相对比,二者比较接近,验证了分子动力学模拟计算材料热膨胀系数的有效性。利用有限元仿真,改变不同仿真温度下的材料热膨胀系数,研究了热膨胀系数温变对倒梯形点阵等效热膨胀系数的影响规律。结果表明:材料热膨胀系数温变会导致倒梯形点阵的热膨胀系数随温度的升高逐渐增大。

研究了杨氏模量温变对倒梯形点阵等效热膨胀系数的影响规律。基于 EAM 势函数,利用分子动力学模拟得到不同温度下材料的杨氏模量,并通过最小二乘法拟合得到杨氏模量与温度的关系式。考虑材料微范性的影响,利用手册查到的杨氏模量实验值对公式中的待定系数进行计算,进而对材料的杨氏模量进行修正,将修正后的公式与手册值对比,两者吻合良好。利用有限元仿真,考虑材料杨氏模量随温度减小的条件下,计算不同温度下倒梯形点阵的热膨胀系数。结果表明:材料杨氏模量温变对倒梯形点阵的热膨胀系数影响不大。

第 5 章 倒梯形点阵热膨胀系数测量与误差分析

5.1 引言

倒梯形点阵属于非标准试样,其热膨胀系数不能通过常用的热膨胀测量仪器进行测量。为了测量可调控热膨胀点阵的热膨胀系数,本章建立适用于倒梯形点阵的高精度热膨胀测试平台。首先,分析热膨胀测试的基本原理,分别搭建热膨胀测试平台的温控系统和热变形测量系统,并对系统进行调试;其次,制备待测样品进行热膨胀系数的测量;最后,对测量结果进行统计并分析测量误差。

5.2 热膨胀测量平台建立

5.2.1 热膨胀测量的基本原理

热膨胀系数的计算公式为

$$\alpha = \frac{\Delta l}{L \Delta T} \tag{5.1}$$

其中,α 为被测件的等效热膨胀系数,L 为被测件的原长,ΔT 为被测件的温度变化量,Δl 为被测件在温度变化前后的变形量。

热膨胀测量平台主要实现两个功能:升温和热变形测量。升温过程主要实现样件的温度从当前温度升高到目标温度,并保证被测件温度的一致性。热变形的测量主要实现被测样件升温过程的长度变化量的测量,其可以通过测量被测件升温前和升温后的长度,然后计算二者的差值得到。

如图 5.1 所示,热膨胀测量平台包括温控系统和长度测量系统。温控系统由恒温箱、电加热板、温控器和热电偶温度计组成。恒温箱主要用于为样品提供均匀的环境温度,保证样件所处温度的均匀性和一致性,其有一定的加热能力。但是恒温箱的加热比较缓慢,尤其是当样品加热到较高的温度时,其耗费的时间

第 5 章 倒梯形点阵热膨胀系数测量与误差分析

较长,不利于热膨胀系数的测量,所以考虑加入单独的电加热板,以提高样件的升温速率。电加热板是由电阻丝加热,其采用温度控制器实现电加热板的温度控制,可以大大提高样件的升温速率。热电偶温度计主要用来测量样件的温度,其有两个热电偶探头,可以用来监测待测件不同位置的温度,判断样件不同部位的温度是否相同。

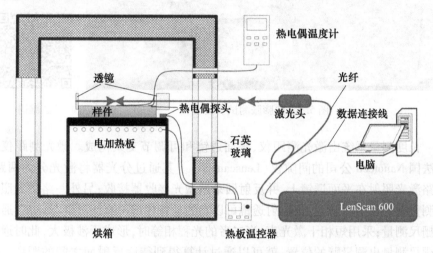

图 5.1　热膨胀测试基本原理

为了减小测量过程中的测量误差,采用高精度、非接触式激光干涉测量系统。该测量系统由测距仪和两个光学透镜组成。两个透镜安装在待测件的两端以反射激光束,使得激光束形成干涉。测距仪通过测量两个透镜之间的距离来测量待测件在初始温度时的长度和升温后的长度,然后两者相减就可以得到样件在给定升温时的热变形量,利用公式(5.1)就可以计算待测样件的等效热膨胀系数。

5.2.2　热膨胀测量平台搭建

根据热膨胀测量的基本原理,搭建异形零件热膨胀测量平台,其实物图如图 5.2 所示。在实际实验装置中,恒温箱采用定制的数显恒温箱(Lichen - 101BS),其前后都带有观察窗,后观察窗采用透光性极好的石英玻璃,减少激光穿过玻璃的光强损失,便于长度测量系统的测量。使用温控器(HS - 618F)控制加热板温度,其精度为 ± 1℃,它可以通过红外遥控器进行非接触式温度设置,减少由于接触按键对测量平台的振动干扰。恒温箱的顶部为热电偶温度计(UT320),它有两个热电偶探头,用于监测待测件不同位置的温度,其分辨率为 ± 0.1℃。

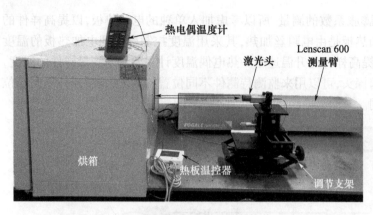

图 5.2 热膨胀测试实验装置　　　　　　　二维码

长度测量系统由激光测距仪、平面透镜和可调节支架构成。激光测距仪采用法国 Nanotech 公司的间隙仪(Lenscan600)。其通过分光器将激光分为两路,一路激光照射在平面透镜上,并反射回来被激光接收器接收;另外一路激光照射在测量臂的反射透镜上,该反射透镜可以在测量臂内部沿直线移动,其位置通过光栅尺测量;采用短相干激光束,当二者的光程相等时,形成干涉极大,此时通过光栅尺测量出测量臂的位置,就可以通过计算得到待测反射面之间的距离。该间隙仪可以用来测量激光轴线上透镜的厚度以及透镜之间的空气间隙,其绝对精度为 $\pm 1\mu m$。激光测距仪的激光探头固定在可调节支架上,两个平面透镜分别通过微调支架固定在待测件的两端。测距仪通过测量两个平面透镜之间的空气间隙,实现待测件长度的测量。

5.2.3　热膨胀系数测量流程

下面介绍利用热膨胀测量平台进行测量的主要步骤:包括样品、平面透镜和热电偶探头的固定;激光光路调节;加热与保温;热变形测量与热膨胀系数计算,如图 5.3 所示。

1. 固定样品、透镜和热电偶探头

将样品固定在加热板表面,防止外界振动干扰引起样件的移动;用耐高温胶布将两个热电偶探头固定在样品的不同位置,用于监测不同位置的温度是否达到目标温度,并且可以判断样件的温度是否均匀。然后,利用透镜安装支架将两个透镜固定在样品上,以便于下一步进行样件热变形的测量。

2. 激光光路调节

首先,以气浮平台为基准,调节样件和激光头的位姿,使得样件和激光头与气浮平台大致平行;调整调节支架的高度,保证激光探头的中心高度与两个平面

透镜的中心高度一致。其次,精确调整激光探头的俯仰角和偏航角,保证激光束能够通过两个透镜的中心,确保待测距离与激光束之间平行。再次,微调两个透镜的角度调节螺丝,使反射光线与入射光线重合。每个镜头都必须单独调节。最后,利用间隙仪测量两个透镜之间的空气间隙的厚度,以检验反射激光强度是否合格,如果反射激光强度不合格,则重新调整激光光路,直到光路的反射点与入射点重合,反射激光强度满足测量要求为止。

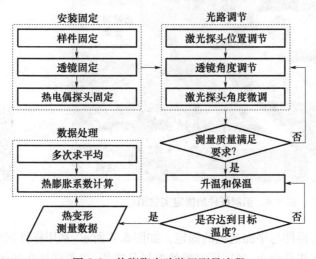

图 5.3 热膨胀实验装置测量流程

3. 加热和保温

首先,将恒温器和电加热板的温度设定在目标温度,恒温器用于保证样品所处的空气温度为目标温度,电加热板使得样品快速升温。当恒温器和热板都达到它们的目标温度时,进行保温,使得样品的温度逐渐达到目标温度。然后,使用热电偶温度计监测样品不同位置的温度。观察两个热电偶探头的读数,直到两个读数的差值小于0.5℃时,样品各部位的温度基本达到一致,然后进行下一步的测量。

4. 热变形测量和热膨胀系数计算

利用间隙仪,进行透镜之间空气间隙的测量。为了减小测量的随机误差,在每个温度点重复测量5次,并记录测量结果,并对其取平均作为最终的测量结果。然后改变温度设置,重复第二步和第三步直到测量完成。测量完成后,进行数据处理,利用公式(5.1)计算待测样件的等效热膨胀系数。

5.2.4 热膨胀测量平台的有效性验证

以铝质杆状结构为例进行热膨胀系数的测量,验证实验平台的有效性。利用线切割加工技术,通过 5mm 厚的铝合金板制备铝质桁架结构,其结构实物如图 5.4 所示。

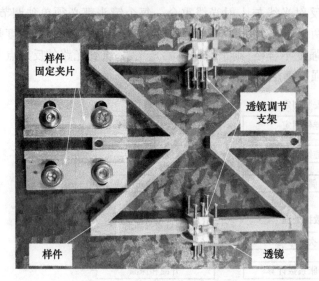

图 5.4　铝制杆件的固定实物图　　　　　　　　　　二维码

首先进行样件与平面透镜的固定。如图 5.4 所示,利用样件固定夹片,将铝制样件固定在样品台上,利用固定螺丝将样品夹紧,避免样件在加热和测量过程中移动。利用透镜调节支架将平面透镜固定在铝制样件的两端横杆上。当铝制杆件受热膨胀时,带动平面透镜一起移动,二者的变形位移相等。通过间隙仪测量两个平面透镜之间空气间隙的变化,就可以得到样件的热膨胀变形量。

首先,将热电偶探头通过恒温箱的预留气孔伸入恒温箱,利用耐高温胶布将热电偶探头固定在样件上,使二者保持接触,如图 5.5 所示。然后调整调节支架的高度,保证激光探头的中心高度与两个平面透镜的中心高度一致。其次,精确调整激光探头的俯仰角和偏航角,保证激光束能够通过两个透镜的中心,确保待测距离与激光束之间平行。再次,微调两个透镜的角度调节螺丝,使反射光线与入射光线重合,每个镜头都必须单独调节,确保激光探头接收到的反射激光强度满足要求。

将恒温器和电加热板的温度设定为目标温度,对样品进行加热。但是样品的升温速率比电加热板慢,当恒温器和热板都达到它们的目标温度时,保温一段时间,使得样品的温度逐渐达到目标温度。观察两个热电偶探头的读数,直到两个读数与目标温度的差值小于 0.5℃ 时,样品各部分的温度基本达到一致并且达到设定温度,然后进行热变形的测量。整个测量过程中,从 20℃ 升温到 120℃,每隔 20℃ 进行一次测量,每个温度点测量 5 次。

第 5 章　倒梯形点阵热膨胀系数测量与误差分析

图5.5　铝的热膨胀系数测量实物图　　　　　二维码

铝的热膨胀测量结果如图 5.6 所示。其中 L 为两个透镜之间空气间隙的长度,α 为铝件的热膨胀系数。随着温度的升高,L 逐渐增大。利用公式(5.1)计算可以得到其不同温度范围内的热膨胀系数,由等效热膨胀系数曲线可以看出,其热膨胀系数在 $22.5 \times 10^{-6}/℃$ 到 $23.5 \times 10^{-6}/℃$ 之间小幅波动,其在 20 ~ 120℃的平均热膨胀系数为 $23.0 \times 10^{-6}/℃$。手册中铝的热膨胀系数为 $23.1 \times 10^{-6}/℃$。两者对比可以看出,其数值非常接近,验证了热膨胀测量实验平台的有效性。

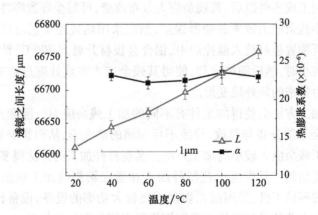

图5.6　铝的等效热膨胀系数测量结果

5.3 倒梯形点阵热膨胀系数测量

5.3.1 样件制备

双材料可调控热膨胀点阵由钛和铝合金两种材料构成,两种材料的连接方式成为样件制备的关键。常用的连接方式有铰链、焊接和过盈配合。铰链连接可以使得连接节点处杆件自由地相对转动,从而实现结构内部应力的释放,实现无热应力点阵结构。但是,为了保证杆件的自由转动,铰链连接处一般存在微间隙,微间隙会导致结构升温变形的不确定性,使得所设计点阵结构的热膨胀与实际测量结果有很大的出入。焊接和过盈配合属于固定连接,其可以避免连接节点处的微间隙,但是固定连接限制了节点之间的相对转动,不可避免地引入内部应力。其中,两种不同材料的焊接难度极大,成本很高。过盈配合可以回避两种材料焊接的难题,又可以避免连接节点处的间隙。所以,样件的连接方式采用过盈配合,并且利用螺钉进行紧固,增加连接的可靠性。

以3.3节仿真模型的倒梯形点阵为例,按照其尺寸,制备倒梯形点阵。其不同的材料部分形成一个单独的零件,然后通过控制零件的极限尺寸,使得倒梯形的上底和复合杆的短杆的尺寸大于其基本尺寸,保证倒梯形点阵形成过盈配合。由于零件的厚度均为5mm,所以购买厚度为5mm的板材进行加工,成本较低。

对于购买得到的板材,由于生产成型工艺的原因,板材具有一定的残余应力。当板材加工成零件以后,其残余应力分布改变,可能会导致零件发生翘曲变形。为了减小残余应力带来的变形误差,预先采用热处理工艺对所购板材进行热处理。将所购置板材放入温控炉中,铝合金板材升温到200℃,钛板材升温到500℃,保温两小时,然后随炉冷却,使得其残余应力在热处理过程中进行释放,减小残余应力带来的额外热变形。

不同的加工方法会使得加工件有不同的加工残余应力。温度升高时,加工的残余应力会重新分布与释放,导致不可预测的微变形,从而影响测量结果,所以应选择加工残余应力较小的加工方法。实现杆件加工的方法很多,包括铣削、线切割和激光切割。其中电火花特种加工和激光切割的加工残余应力相对较小。而对于较厚的工件,采用激光切割需要较大功率的设备,设备比较难找,所以最终选择电火花特种加工技术进行倒梯形点阵各零件的加工。

如图5.7(a)所示为倒梯形可调控热膨胀点阵样件的装配实物。其由铝合金和钛两种材料组成,银灰色的为铝合金(7075),其余为纯钛(TA2)。该

第 5 章 倒梯形点阵热膨胀系数测量与误差分析

点阵结构包括 3 个对称的倒梯形点阵结构,其总长度为 210mm,宽度为 128mm,杆件的厚度和宽度分别为 5mm。如图 5.7(b)所示,样件由钛和铝杆件通过连接在 x 方向形成过盈配合,在钛件的连接点处有 3mm 的光孔,而铝件的两端有 3mm 的螺纹孔。通过螺钉在连接点处进行加固,确保铝件与钛件的紧密配合。

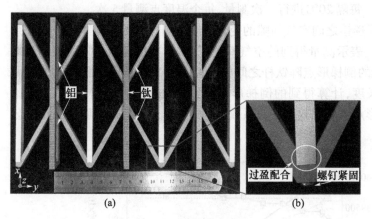

图 5.7 倒梯形点阵实物

5.3.2 热膨胀系数测量

首先进行样件、透镜的固定。如图 5.8 所示,通过样件夹片,将制备的双材料倒梯形点阵样件固定在加热台上;然后利用透镜调节架上的固定螺丝将调节架固定在样件的第一根和第三根钛杆上,保证透镜调节架安装在钛杆的中间位置;将平面透镜固定在透镜调节架上;两个热电偶探头通过耐高温胶布和金属丝固定在样件的中间钛杆和底部铝杆上。

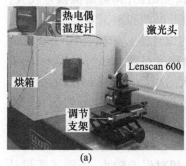

图 5.8 热膨胀测量现场

然后按照5.2.3节的光路调节步骤,通过调节激光头调节支架,改变激光探头的位置和高度,确保激光束穿过平面透镜的中心;然后利用平面透镜调节支架,调整平面透镜的角度,确保两个镜片的反射光点与入射光点完全重合;通过测量软件观察激光接收信号的强度,通过微调激光头的角度和平面透镜的角度,使得激光接收信号强度最大;最后,进行平面透镜之间空气间隙的测量。从20℃升温到200℃,每隔20℃进行一次测量,每个温度点测量5次。

图5.9给出了透镜之间空气间隙的变化曲线和倒梯形点阵的等效热膨胀系数曲线。其中,L_{Exp}表示测量得到的空气间隙长度,其与倒梯形点阵的被测长度相等;L_{Si}表示设计的倒梯形点阵钛杆之间的长度;α_{Exp}表示利用测量得到的不同温度的空气间隙长度,计算得到的倒梯形点阵的等效热膨胀系数;α_{Si}表示理论计算得到的倒梯形点阵的等效热膨胀系数。理论计算的等效热膨胀系数根据公式(3.10)计算。

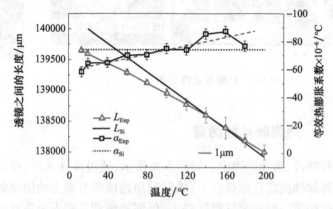

图5.9 倒梯形点阵热膨胀系数测量结果

由图5.9可以看出,随着温度的升高,两个平面透镜之间的空气间隙逐渐减小,所以该点阵结构具有负的热变形。与设计的长度相比,其初始值偏差较大,但是其各温度段的减小量比较接近。这是由于加工误差和透镜安装位置误差,导致透镜之间的初始距离并不等于倒梯形点阵的设计值。根据公式(5.1),计算得到不同温度段的等效热膨胀系数。由等效热膨胀系数曲线可以看出,随着温度的升高,倒梯形点阵的等效热膨胀系数呈增大的趋势,这与第4章的分析结果一致。随着温度的升高,两种材料的热膨胀系数逐渐增大,进而导致倒梯形点阵的等效热膨胀系数增大。在20~200℃范围内,倒梯形点阵的平均热膨胀系数为$-74.4 \times 10^{-6}/℃$;而根据公式(3.10)计算,理论上倒梯形点阵的等效热膨胀系数为$-74 \times 10^{-6}/℃$。二者数值上非常接近,相对误差较小,证明了所设计的倒梯形结构可以实现理论上的负热膨胀。

5.4 热膨胀系数测量误差分析

热膨胀系数的测量精度一般取决于温度控制精度和长度测量精度。先进的温度控制技术和高精度的温度传感器可以提高温度控制的精度。激光干涉法的长度测量精度已经达到纳米级,因此,测量误差将成为提高测量精度的关键因素。在热膨胀测量过程中,虽然通过固定夹片将样件固定在加热台上,并且通过气浮平台进行隔震,尽可能地减小样件的微小移动,但是,在加热过程中,为了保证样品温度的均匀性和准确性,在样品温度接近设定温度时,需要对样品进行缓慢加热。因此,整个测量过程需要较长时间。在如此长的时间内,环境的振动和测量系统各部件的热变形将会作用在样件上,引起样件与测量传感器之间不确定的微位移,从而影响热膨胀测量的精度。下面通过分析,研究样件与测量传感器之间不确定的微位移对测量带来的影响,为测量平台的改进提供指导。

5.4.1 微位移的分解

在加热过程中,微位移主要由环境的振动和测量系统的热变形引起。环境的振动包括地面的振动、人员的走动等,其通过气浮平台的隔振作用得到很大的减弱,但是其仍然会带来样件与激光探头之间的微小移动。测量系统各部件的热变形是引起样件与激光探头之间相对位移的主要因素,这些热变形引起的微位移是隔振所不能抑制的。当温度升高时,加热台、固定夹片、样件都会产生热变形,从而引起样件与激光探头之间相对位置发生变化,使得样件产生微位移。

第一,假设平面透镜与样品是刚性连接的,样件的微位移和透镜的微位移是相同的,并且二者之间不发生相对的微小转动。第二,假设在初始条件下,反射激光与入射激光完全重合:样件与激光束的初始夹角为零。第三,假设样件在加热过程中没有翘曲。下面分析这微位移引起的测量误差。

如图5.10所示,微位移可以分解为平移分量和旋转分量。平移分量只包括样件的平动,其是样件在 x、y、z 三个方向平动的矢量和。转动分量是指样件与激光探头之间的夹角,转动分量会引起平面透镜与激光束之间的夹角发生变化,使得反射激光束发生偏转。下面分别就两种分量对测量结果的影响进行分析。

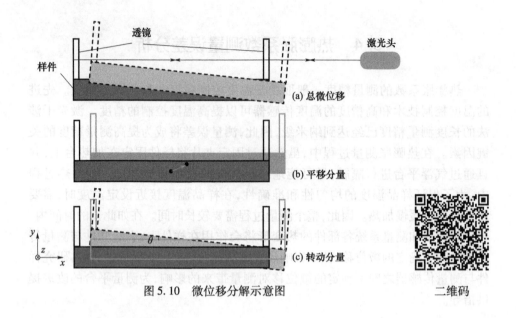

图 5.10 微位移分解示意图

5.4.2 平移分量分析

在热膨胀测量过程中,通过测量两个透镜之间的空气间隙的长度差来测量样件的热变形。而空气间隙的长度可以通过两个透镜与激光探头之间的光程差得到,如图 5.11(b)所示。它可以表示为

$$D_{AB} = D_{LA} - D_{LB} \tag{5.2}$$

其中,D_{AB} 为两个平面透镜之间空气间隙的光程;D_{LA} 为左透镜与激光光源之间的光程;D_{LB} 为右透镜与激光光源之间的光程。

如图 5.11 所示,图(a)为平移分量沿坐标轴的分解示意图,平移分量可沿轴分解为三个分量:dx、dy、dz。图 5.11(b)为总平移分量示意图,平移分量会导致两个透镜与激光光源之间的光程发生变化。首先分析 y 和 z 方向的分量,如图 5.11(d)所示。在测量初始阶段,通过激光角度和平面透镜角度的调整,两个平面透镜的表面都垂直于激光束。因此,这两个平面透镜相互平行。当 dy 和 dz 变化时,平面透镜和激光探头之间的 x 方向距离保持不变,只有激光束与透镜的接触位置发生变化。因此,dy 和 dz 不会改变空气间隙的长度,其对测量结果没有影响。

当微位移分量沿着 x 方向时,如图 5.11(c)所示,激光探头与左透镜的光程 D_{LA} 和激光探头与左透镜的光程 D_{LB} 分别发生了变化。然而,D_{LA} 和 D_{LB} 的长度减小了相同的值:dx。那么:

第 5 章 倒梯形点阵热膨胀系数测量与误差分析

$$\frac{\partial D_{AB}}{\partial x} = 0 \tag{5.3}$$

综上所述,平移的 3 个分量不会改变两个平面透镜之间空气间隙的光程,所以微位移的平移分量不会对热膨胀测量产生影响。也就是说,两个平行的平面透镜可以避免由平移分量引起的测量误差。

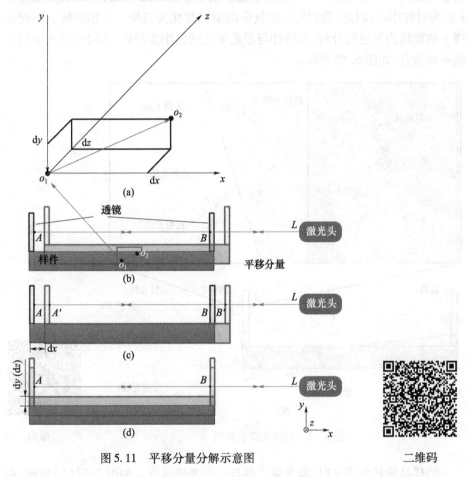

图 5.11 平移分量分解示意图　　　　　　　　二维码

5.4.3 转动分量分析

1. 转动分量的误差分析

转动分量是热膨胀测量误差的主要影响因素。过大的旋转角度会使得激光接收器接收不到反射光,将导致测量失败。转动分量可以在笛卡儿坐标系中分解成 3 个分量:绕 x 轴分量,绕 y 轴分量,绕 z 轴分量。绕 x 轴旋转的分量只会使样件绕激光束旋转,它不会引起两个平面透镜之间空气间隙的光程变化。因此,

绕 x 轴旋转分量不会产生测量误差。

考虑绕 y 轴的转动分量和绕 z 轴的转动分量,这两个转动分量都会引起样件与激光束之间的角度变化。当这两个转动分量同时发生时,情况会更加复杂。为了简化计算,可以用极坐标来描述这两个分量。那么,样件与激光束之间转动矢量可以用一个方向和一个角度来描述。由于样件与激光束之间转动矢量是以 x 轴为对称中心,因此,我们可以把复杂的情况简化为只绕一个轴旋转。下面以绕 y 轴旋转为例进行分析,当样件与激光束之间发生旋转后,入射光线和反射光线不再重合,如图 5.12 所示。

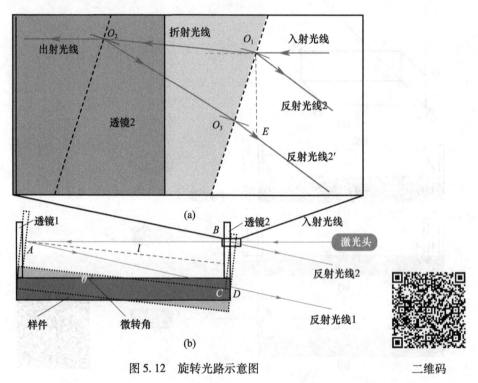

图 5.12 旋转光路示意图

当样品旋转角度 θ 时,激光束不再与平面透镜垂直。如图 5.12(b)所示,根据光的反射和折射定律,当入射光线与平面透镜法线成一定夹角时,反射的光线会发生偏转,透射的光线会发生折射。这将导致光路发生变化,导致两个平面透镜之间空气间隙的光程发生变化。它可以表示为

$$D_{\text{gap}} = \frac{D_{AB} + D_{AC} + D_{CD}}{2} = n_1 l/\cos\theta + n_1 l \sin^2\theta/\cos(2\theta) \tag{5.4}$$

其中,D_{gap} 表示两个平面透镜之间空气气隙的总光程;D_{AB} 表示 A 和 B 两点之间的光程;D_{AC} 表示 A 和 C 两点之间的光程;D_{CD} 表示 C 和 D 两点之间的光程;

n_1 表示空气的折射率；l 表示两个平面透镜之间的垂直距离；θ 表示旋转角度。如果旋转角度 θ 为 0，此时激光束与平面透镜垂直，两个平面透镜之间空气气隙的总光程最小。此时：

$$D_{gap0} = n_1 l \tag{5.5}$$

由式(5.4)可知，当样件发生微小转动后，$\cos\theta < 1$，将导致两个平面透镜之间空气间隙的光程大于旋转角度为 0 时的光程。考虑到旋转角度 θ 很小，在方程(5.4)中的第二项是高阶小量：

$$n_1 l \sin^2\theta / \cos(2\theta) \approx n_1 l \sin^2\theta = o(\theta) \tag{5.6}$$

为了简化计算量，忽略高阶小量。那么：

$$D_{gap} = n_1 l / \cos\theta \tag{5.7}$$

$$\frac{\partial D_{gap}}{\partial \theta} = \frac{n_1 l \sin\theta}{\cos^2\theta} \tag{5.8}$$

根据方程(5.8)，当 θ 为零时，空气间隙的光程 D_{gap} 的导数为零。此时两个平面透镜之间空气间隙的光程达到最小。综上所述，无论旋转角度是正还是负，只要发生旋转，空气间隙的总光程 D_{gap} 在旋转后都会大于初始长度，这将导致测量结果偏大。为了提高测量精度，必须减小旋转引起的测量误差。根据公式(5.7)，如果通过测量得到样件或透镜的旋转角度，就可以通过计算消除样件的旋转带来的测量误差。

2. 转动分量的误差消除

根据假设条件，样品与平面透镜刚性连接，透镜的旋转角度与样件的旋转角度相同。另外，间隙仪不仅可以测量平面透镜之间的空气间隙，也可以同时测量出平面透镜的厚度。通过测量温度变化前后平面透镜的厚度，就可以通过计算得到透镜的旋转角度。

以右边透镜为例进行计算。如图 5.12(a)所示，当样件发生旋转后，透镜的光程可以表示为

$$t = \frac{D_{lens}}{n_2} = \frac{D_{O_1O_2} + D_{O_2O_3} + D_{O_3E}}{n_2} = t_0/\cos\theta + \frac{n_1 t_0 \sin^2\theta / \cos(2\theta)}{n_2} \tag{5.9}$$

其中，D_{lens} 表示右透镜的总光程；n_2 表示透镜的折射系数；t_0 表示透镜的初始厚度；n_1 表示空气的折射率；θ 表示透镜的旋转角度。如果旋转角度 θ 为 0，那么 $t = t_0$。

在公式(5.9)中，考虑到旋转角度 θ 很小，所以其第二项是高阶小量：

$$\frac{n_1 t_0 \sin^2\theta / \cos(2\theta)}{n_2} \approx \frac{n_1 t_0 \sin^2\theta}{n_2} = o(\theta) \tag{5.10}$$

为了简化计算量，忽略高阶小量，有

$$t = t_0/\cos\theta \tag{5.11}$$

根据公式(5.11),通过变形可以得到旋转角度的计算公式。

$$\theta = \arccos\left(\frac{t_0}{t}\right) \qquad (5.12)$$

只要通过测量得到透镜在升温前后的厚度就可以利用公式(5.12)计算透镜的转角,然后利用公式(5.7)就可以消除转动带来的测量误差。在该测量系统中,利用 Lenscan 600 间隙仪可以在一次测量中完成右镜片的厚度和空气间隙的测量,其测量同步性高,避免了非同步测量带来的误差。

虽然该方法可以有效地消除微位移引起的测量误差,但是受限于 Lenscan 600 间隙仪的测量精度,其还不能应用于消除微位移带来的测量误差。该方法通过检测右透镜的厚度变化得到样件的旋转转角。考虑到 Lenscan 600 间隙仪的测量精度为 $\pm 1\mu m$,平面透镜厚度为 0.75mm,根据公式(5.11),当平面透镜旋转角度为 3°时,其透镜的厚度变化为 $1\mu m$。这个角度超出了 Lenscan 600 间隙仪的角度测量范围,并且样件的转角不可能这么大。增加右透镜的厚度,可以减小最小探测角度。如果右镜头厚度为 10mm,则最小探测角度为 0.81°。如果镜头厚度为 656mm,则可测量的最小角度为 0.1°。这种方法需要较大的透镜厚度,才能达到足够的角度检测精度。因此,受实验系统长度测量精度的限制,该方法难以应用于实际测量中。

随着高精度测量仪器的发展,特别是激光干涉测量精度已经达到纳米级,该方法就可以实现足够的角度检测精度。假设距离测量系统的测量精度为 1nm,当镜头厚度为 1mm,最小探测角度为 0.08°。如果镜头厚度为 20mm,则可以测量的最小角是 1.5′,这样就可以利用该方法消除转动带来的测量误差。此外,其他的角度测量方法也可以用于样件的旋转角度测量,如高精度电子自准直仪。利用该设备可以直接高精度地测量透镜的旋转角度,然后利用公式(5.7)就可以消除样件旋转带来的测量误差。利用该方法,通过消除旋转分量误差,大大提高了系统的抗干扰能力和测量精度。

5.5 本章小结

本章根据热膨胀测量的基本原理,搭建了适用于倒梯形点阵的热膨胀测量平台,详细地介绍了热膨胀测量平台各部分组成及功能;给出了热膨胀测量的详细流程,特别是光路调节关键步骤;并以铝制杆件为例,通过测量其热膨胀系数,验证了所搭建热膨胀测量平台的有效性。然后,利用电火花特种加工方法,采用过盈配合,制备倒梯形点阵样件;利用所搭建热膨胀测量平台,测量倒梯形点阵的等效热膨胀系数。测量结果表明:测量得到的倒梯形点阵热膨胀系数与理论计算的结果吻合,并且验证了受到材料热膨胀系数温变的影响,倒梯形点阵的热

第 5 章　倒梯形点阵热膨胀系数测量与误差分析

膨胀系数逐渐增大。最后,分析了样件和激光探头之间的微位移对热膨胀测量结果的影响。将样件和激光探头之间的微位移进行分解;分别就平移分量和旋转分量对测量结果的影响进行分析。结果表明:平移分量对测量结果没有影响,而旋转分量会导致测量结果偏大。针对旋转分量会对测量结果带来误差,给出了通过测量平面透镜的角度来消除旋转分量对测量结果的影响,为下一步测量平台的改进提供指导。

第6章 异质材料结构梯度热膨胀点阵连接设计

6.1 引言

考虑热膨胀系数不同的两个平面结构相连接,由于两种材料热膨胀系数的差异,在温变冲击作用下,二者的热变形存在较大的差异,从而会在连接界面处形成非常大的应力集中,进而降低整体结构的寿命和可靠性,这对于武器装备的可靠性造成巨大的威胁。根据第2章的分析,考虑引入可调控热膨胀点阵结构,通过热膨胀系数梯度变化的点阵连接,降低两个相邻连接界面的热膨胀系数差异,从而减小整体结构的热应力集中,提高结构的可靠性。

6.2 异质材料结构梯度热膨胀点阵连接设计流程

6.2.1 设计约束条件

为了保证结构的可装配性,通过可调控热膨胀点阵进行异质材料结构连接不能改变原结构的几何外形尺寸,就要求异质材料结构连接层的总高度必须小于异质材料结构连接的总高度,宽度小于或等于异质材料结构的宽度。假定异质材料结构的总高度为H,宽度为W,可调控热膨胀点阵的尺度为c,热膨胀梯度点阵的层数为n,那么点阵的尺度c必须满足下列条件:

$$c<\frac{H}{n}, c<W \tag{6.1}$$

图6.1给出了两种不同热膨胀系数的平板通过多层可调控热膨胀点阵连接的示意图。顶层和底层分别代表不同热膨胀系数的平板,其热膨胀系数分别为α_1和α_2,且$\alpha_1>\alpha_2$。每个方块代表可调控热膨胀点阵,不同的颜色表示不同的热膨胀系数。将热膨胀系数从α_1到α_2均匀地线性插值,即通过$(n-1)$层可调控热膨胀点阵连接,可以使得两种连接界面之间的热膨胀系数呈现均匀过渡,有效减小了相邻结构的热膨胀系数差异。

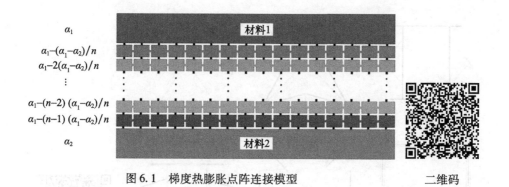

图 6.1 梯度热膨胀点阵连接模型　　　　　二维码

每层的热膨胀系数按照线性插值给出,那么,第 n 层点阵的热膨胀系数为

$$\alpha_i = \alpha_1 - \frac{i}{n+1}(\alpha_1 - \alpha_2) \quad (i=1,2,\cdots,n-1) \tag{6.2}$$

6.2.2 备选点阵模型

1. 可选点阵模型

对于多层可调控热膨胀点阵平面异质材料结构连接,可调控热膨胀要同时满足两个方向的热膨胀系数匹配。而这两个方向的热膨胀系数要求一般不同,这就不仅要求点阵具有可调控的热膨胀系数,而且要求所填充点阵具有各向异性的热膨胀。例如,x 方向为正的热膨胀,而 y 方向为零热膨胀或者负热膨胀。此外,为了便于利用可调控热膨胀点阵应用于不同设计约束条件的异质材料结构连接,要求点阵两个方向的热膨胀系数相互独立,即两个方向的热膨胀系数可以分别单独调节,二者不相互影响。

根据 3.2 节对现有可调控热膨胀点阵单元的分析,结合多层可调控热膨胀点阵异质材料结构连接的要求,利用现有的可调控热膨胀点阵基本单元,设计出多种可以应用于异质材料结构梯度热膨胀连接的备选点阵单元,其 x 方向和 y 方向的热膨胀系数可独立调节。

图 6.2 给出了 6 种不同构型的各向异性平面可调控热膨胀点阵。其中,(a)、(b)、(c)都基于双材料三角形单元的点阵结构;(d)为由双材料复合杆构成的点阵结构;(e)为倒梯形点阵构成的点阵结构;(f)在 y 方向利用倒梯形点阵结构,而在 x 方向利用三角形单元实现两个方向不同的热膨胀系数。

2. 各点阵模型的等效热膨胀系数计算

不同的可调控热膨胀点阵其热膨胀调控范围不同,本节通过理论计算分别计算不同点阵结构的热膨胀调控范围。下面以三角形单元构成的四边形点阵为例,推导其等效热膨胀系数的计算公式,并计算其热膨胀调控范围。

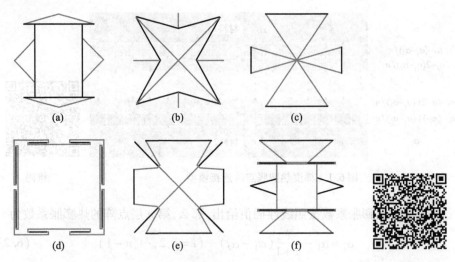

图6.2 各向异形可调控热膨胀点阵备选模型　　　　二维码

图6.3所示为双材料三角形构成的四边形点阵,其 x 方向和 y 方向都是由两个双材料三角形单元和中间正方形结构组成。其中,红色材料的热膨胀系数较大,为 α_b;蓝色材料的热膨胀系数较小,为 α_a。对于该双材料三角形构成的四边形点阵,根据其几何结构,其必须满足:

$$b_x + 2h_x = c, b_y + 2h_y = c \tag{6.3}$$

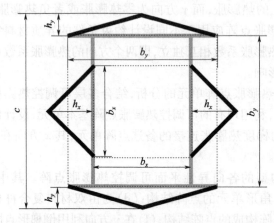

图6.3 双材料三角形单元构成的四边形点阵　　　　二维码

首先计算 y 方向的等效热膨胀系数,根据热膨胀计算公式,该双材料三角形构成的四边形点阵 y 方向的等效热膨胀系数 $\overline{\alpha_y}$ 可以表示为

$$\overline{\alpha_y} = \frac{D_y}{c\Delta T} \tag{6.4}$$

第 6 章 异质材料结构梯度热膨胀点阵连接设计

其中，ΔT 为温度变化量，D_y 为竖直方向的热变形量。根据其几何结构，D_y 可以通过以下表达式计算：

$$D_y = 2\alpha_{ys} h_y \Delta T + \alpha_b b_y \Delta T \tag{6.5}$$

将公式(6.5)代入公式(6.4)，那么双材料三角形构成的四边形点阵的热膨胀计算可以表示为

$$\overline{\alpha_y} = \frac{2\alpha_{ys} h_y + \alpha_b b_y}{c} \tag{6.6}$$

其中，α_{ys} 为双材料三角形在高度方向的等效热膨胀系数，α_b 为热膨胀系数较大的红色材料的热膨胀系数。将双材料三角形竖直方向的等效热膨胀系数计算公式(3.6)代入公式(6.6)，那么该点阵 y 方向的热膨胀系数计算公式为

$$\overline{\alpha_y} = \frac{2 \times \dfrac{4a_y^2 \alpha_a - b_y^2 \alpha_b}{4h_y^2} \times h_y + \alpha_b b_y}{c} \tag{6.7}$$

其中，a_y 为 y 方向三角形单元的斜边长度，根据勾股定理有：

$$a_y = \sqrt{h_y^2 + \left(\frac{b_y}{2}\right)^2} \tag{6.8}$$

将公式(6.3)、公式(6.8)代入公式(6.7)，整理可以得到双材料三角形构成的四边形点阵 y 方向的热膨胀系数为

$$\overline{\alpha_y} = \frac{(c^2 - 2b_y c + 2b_y^2)\alpha_a + \alpha_b(b_y c - 2b_y^2)}{c(c - b_y)} \tag{6.9}$$

对公式(6.9)求导，通过化简可以得到其导函数为

$$\frac{\mathrm{d}\overline{\alpha_y}}{\mathrm{d}b_y} = \frac{(2b_y^2 c - 4b_y c^2 + c^3)(\alpha_b - \alpha_a)}{(c^2 - b_y c)^2} \tag{6.10}$$

假定两种材料分别为钛和铝合金，那么其热膨胀系数分别为 $\alpha_a = 8.6 \times 10^{-6}/℃$，$\alpha_b = 23.1 \times 10^{-6}/℃$。令公式(6.10)右边等于0，可以求得导函数两个根分别为

$$b_{y1} = 0.2929c, b_{y2} = 1.707c \tag{6.11}$$

当 $b_y = 0$ 时，导函数大于0。所以该点阵 y 方向的等效热膨胀系数 $\overline{\alpha_y}$ 在 $b_y \in (-\infty, 0.2929c)$ 时单调递增，在 $b \in (0.2929c, 1.707c)$ 时单调递减。考虑到 b_y 的取值范围为 $(0, c)$，那么双材料三角形点阵的等效热膨胀系数在 $b = 0.2929c$ 时取得最大值，最小值为 $\overline{\alpha}_{b_y=0}$ 与 $\overline{\alpha}_{b_y=c}$ 中的较小值。

当 $b_y = 0.2929c$ 时，其等效热膨胀系数为 $11.0875 \times 10^{-6}/℃$，当 $b_y = 0$ 时，其等效热膨胀系数为 $8.6 \times 10^{-6}/℃$，当 $b_y = c$ 时，其等效热膨胀系数为 $-\infty$。那么该点阵的等效热膨胀系数调节范围为 $(-\infty, 11.0875 \times 10^{-6})$。如果两种材料的

分布对调,根据公式(6.9)、公式(6.10)计算,此时该点阵的等效热膨胀系数的可调节范围为$(20.61\times10^{-6},+\infty)$。所以,由三角形单元构成的四边形点阵的热膨胀调节范围为$(-\infty,11.0875\times10^{-6})\cup(20.61\times10^{-6},+\infty)$。

对于 x 方向的等效热膨胀系数,考虑到该点阵结构 x 方向与 y 方向结构类似,其差别仅在 $b_x\neq b_y$,其热膨胀计算过程完全相同。经过计算,其热膨胀调控范围与 y 方向相等,也是$(-\infty,11.0875\times10^{-6})\cup(20.61\times10^{-6},+\infty)$。

考虑到该点阵要应用于异质材料结构的热膨胀梯度连接,其热膨胀调控范围必须包含两种异质材料热膨胀系数之间的范围。基于此,在图6.3所示结构的基础上,对该结构进行修改。

如图6.4所示为改进型双材料三角形单元构成的四边形点阵。该结构基于双材料三角形单元构成的四边形点阵,以 x 方向的结构为例进行改进。以简单的杆件直接替换 x 方向上的三角形单元,此时,该改进型点阵 x 方向的等效热膨胀系数可以表示为

$$\overline{\alpha_x}=\frac{2\alpha_a h_x+\alpha_b(c-2h_x)}{c} \tag{6.12}$$

通过化简可以得到

$$\overline{\alpha_x}=\frac{2(\alpha_a-\alpha_b)}{c}h_x+\alpha_b \tag{6.13}$$

对公式(6.13)求导,通过化简可以得到其导函数为

$$\frac{\mathrm{d}\overline{\alpha_x}}{\mathrm{d}h_x}=\frac{2(\alpha_a-\alpha_b)}{c} \tag{6.14}$$

由其导函数可以看出,该改进型点阵 x 方向的等效热膨胀系数呈单调性,其增减性取决于两种材料热膨胀系数的大小。

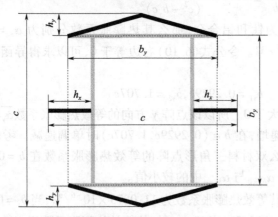

图6.4 改进型双材料三角形单元构成的四边形点阵

二维码

第 6 章 异质材料结构梯度热膨胀点阵连接设计

假定两种材料分别为钛和铝合金,那么其热膨胀系数分别为 $\alpha_a = 8.6 \times 10^{-6}/℃$, $\alpha_b = 23.1 \times 10^{-6}/℃$。此时,其导函数小于 0,该改进型点阵 x 方向的等效热膨胀系数单调递减,考虑到 h_x 的取值范围为 $(0, c)$,当 $h_x = 0$ 时,其等效热膨胀系数最大,为 $23.1 \times 10^{-6}/℃$;当 $h_x = c$ 时,其等效热膨胀系数为 $8.6 \times 10^{-6}/℃$。那么该改进型点阵 x 方向的等效热膨胀系数调控范围为 $(8.6 \times 10^{-6}, 23.1 \times 10^{-6})/℃$。

同样的结构改进可以应用于 y 方向,使其热膨胀调控范围包含 $(8.6 \times 10^{-6}, 23.1 \times 10^{-6})/℃$。综上,双材料三角形单元构成的正方形点阵的热膨胀系数调节范围为 $(-\infty, +\infty)$。

同理,通过类似的计算过程,可以推导出其他 5 种点阵的等效热膨胀计算公式;假定两种材料分别为钛和铝合金,其热膨胀系数分别为 $\alpha_a = 8.6 \times 10^{-6}/℃$, $\alpha_b = 23.1 \times 10^{-6}/℃$,根据所推导的等效热膨胀计算公式计算各点阵的热膨胀调控范围,如表 6.1 所示。

表 6.1　不同点阵的等效热膨胀系数

名称	点阵构型	等效热膨胀系数计算公式	等效热膨胀系数调控范围
人字形点阵	二维码	$\overline{\alpha_x} = \overline{\alpha_y}$ $= \alpha_a + \dfrac{2a(\alpha_a - \alpha_b)}{c} + \dfrac{L^2(\alpha_a - \alpha_b)}{2ac}$	$(-\infty, 8.6 \times 10^{-6}) \cup (23.1 \times 10^{-6}, +\infty)$
对三角形点阵	二维码	$\overline{\alpha_x} = \overline{\alpha_y}$ $= \dfrac{(c^2 + b^2)\alpha_a - b^2 \alpha_b}{c^2}$	$(-5.9 \times 10^{-6}, 8.6 \times 10^{-6}) \cup (23.1 \times 10^{-6}, 37.6 \times 10^{-6})$

续表

名称	点阵构型	等效热膨胀系数计算公式	等效热膨胀系数调控范围
复合杆构成的四边形点阵	二维码	$\overline{\alpha_x} = \overline{\alpha_y}$ $= \dfrac{(\alpha_b - \alpha_a)r - L\alpha_b + \alpha_a(L+c)}{c}$	$(-3 \times 10^{-6},\ 8.6 \times 10^{-6}) \cup (23.1 \times 10^{-6},\ 34.7 \times 10^{-6})$
改进型复合杆构成的四边形点阵	二维码	$\overline{\alpha_x} = \dfrac{\alpha_a(c - r_x) - \alpha_b r_x}{c}$	$[8.6 \times 10^{-6},\ 23.1 \times 10^{-6}]$
倒梯形构成的四边形点阵	二维码	$\overline{\alpha_x} = \overline{\alpha_y}$ $= \alpha_a + \dfrac{2(\alpha_b - \alpha_a)(r - L)}{c}$ $+ \dfrac{4(\alpha_b - \alpha_a)(b^2 - 2br + r^2 - bL + rL)}{c(c - 2r)}$	$(-\infty,\ +\infty)$

续表

名称	点阵构型	等效热膨胀系数计算公式	等效热膨胀系数调控范围
倒梯形与三角形复合点阵	（图示及二维码）	$\overline{\alpha_x} = \alpha_a + \dfrac{2h_x(\alpha_b - \alpha_a)}{c} + \dfrac{b_x^2(\alpha_b - \alpha_a)}{2h_x c}$	$(-\infty, +\infty)$
		$\overline{\alpha_y} = \alpha_a - \dfrac{(b_y - r)^2(\alpha_b - \alpha_a)}{2ch_y} - \dfrac{(b_y - r)L(\alpha_b - \alpha_a)}{2ch_y}$	$(-\infty, +\infty)$

注:1. 各点阵的热膨胀调节范围是在两种材料分别为铝合金和钛时,其热膨胀系数分别为 $\alpha_b = 23.1 \times 10^{-6}/℃$, $\alpha_a = 8.6 \times 10^{-6}/℃$,根据其热膨胀计算公式计算得到。该热膨胀调节范围考虑了两种材料对调的情况。

2. 表中给出的热膨胀调节范围为其理论值,其实际的热膨胀调节范围受限于其几何和结构限制。

由表 6.1 中数据可以看出,三角形构成的四边形点阵、倒梯形构成的四边形点阵和倒梯形与三角形复合点阵的理论热膨胀系数范围非常大,为$(-\infty, +\infty)$,其可以应用于各类异质材料结构点阵连接。复合杆构成的四边形点阵具有一定的热膨胀调节范围,可以应用于该热膨胀范围内的异质材料结构连接,其不能实现较大的正热膨胀和负热膨胀。人字形点阵正好相反,其可以实现较大的正热膨胀和负热膨胀;但是受限于几何结构,其热膨胀调控范围不包含$(8.6 \times 10^{-6}, 23.1 \times 10^{-6})/℃$,不能用于该热膨胀范围内的异质材料结构连接。对三角形点阵的热膨胀调控能力最差,不能实现较大的正热膨胀和负热膨胀,同时,其热膨胀调控范围不包含$(8.6 \times 10^{-6}, 23.1 \times 10^{-6})/℃$。

6.2.3 设计流程

根据 2.4 节的分析结果,利用可调控热膨胀点阵,使得异质材料结构之间通过热膨胀系数梯度变化的多层结构连接,可以有效降低异质材料结构界面处的热应力突变。其设计流程主要包括:设计约束确定、点阵类型优选、各层点阵的结构参数设计以及整体结构的建模和性能仿真,如图 6.5 所示。

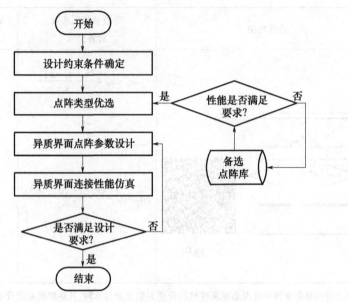

图 6.5 异质材料结构梯度热膨胀点阵连接设计流程

1. 设计约束条件确定

异质材料结构的设计约束包括几何尺寸约束和热膨胀系数要求。根据异质材料结构连接的几何尺寸,确定异质材料结构连接层的总高度和宽度;再结合热应力均匀化的需求,确定异质材料结构热膨胀梯度连接层的层数;最终得到可调控热膨胀点阵胞元的可选尺度范围,在可选尺度范围内,考虑到结构的易装配性,一般选择较大的尺寸。热膨胀系数要求分为横向和竖向。横向各层点阵的热膨胀系数按照两种材料的热膨胀系数,线性插值确定;竖向的热膨胀系数按照设计要求确定,各层的竖向热膨胀系数保持相同。

2. 点阵类型优选

首先,根据备选点阵库的各种点阵的几何结构和不同方向的热膨胀可调控范围,结合设计约束条件,选择可调控热膨胀范围满足设计要求的点阵结构作为待选点阵;然后,通过有限元仿真计算各待选点阵的承载性能,通过对比不同点阵的承载能力,选择承载能力最强的点阵结构作为最终异质材料结构热膨胀梯度连接的填充点阵。

3. 各层点阵的几何参数设计

点阵的几何参数由点阵的热膨胀系数决定。根据异质材料结构连接的设计要求,竖向结构参数可以根据竖向的热膨胀系数,利用点阵的竖向热膨胀计算公式反解确定。然后,根据不同层点阵的横向热膨胀系数,利用点阵的横向热膨胀计算公式反解,就可以得到各层点阵的横向结构参数。综合两个方向的结构参数,最终得到各层点阵所有的结构参数,从而实现各点阵的模型建立。

4. 异质材料结构连接性能仿真

根据第 3 步得到的各层点阵结构参数,建立各层点阵的三维实体模型,并进行装配,构建完整的异质材料结构连接模型,各构件之间采用铰链连接。然后,利用多体动力学仿真模块,进行整体结构的有限元仿真。根据有限元的仿真结果,验证结构设计是否实现了热膨胀梯度连接,结构的热应力是否明显减小。否则,查找问题,重新进行点阵结构参数的设计,并进行建模与仿真,直到仿真结果满足设计要求。

6.3 竖向零热膨胀异质材料结构点阵连接设计

本节主要目的是在实现异质材料结构热膨胀梯度连接的同时,实现连接层在竖直方向零热膨胀。从而在异质材料结构的温度发生变化时,异质材料结构界面热应力减小的同时,保证竖直方向的位置精度。

6.3.1 设计约束条件确定

假定异质材料结构为铝合金、钛两种材料构成的平板连接,高度为 170mm,宽度为 150mm,并要求异质材料结构连接层的竖向热膨胀系数为 0。

首先确定点阵的尺度大小。根据第 2 章的仿真分析,三层热膨胀梯度连接就可以显著地减小异质材料结构界面最大热应力,并且随着层数的再增加,热应力减小非常缓慢,所以选择以三层热膨胀梯度连接,即 $n=3$。根据公式(6.1),则有:

$$c < 56.67\text{mm}, c < 150\text{mm} \tag{6.15}$$

考虑到结构的轻量化和易装配性,应选择较大的点阵尺度,取 $c = 50\text{mm}$。

竖向零热膨胀异质材料结构设计在满足各层热膨胀系数匹配的前提下,还要保证竖直方向的热膨胀系数为 0。对于铝合金、钛两种材料构成的平板连接,其热膨胀系数分别为 α_b 和 α_a,且 $\alpha_b > \alpha_a$。两种材料之间通过三层可调控热膨胀点阵过渡连接,每层的热膨胀系数按照线性插值给出,第 i 层 x 方向的热膨胀系数为

$$\alpha_{xi} = \alpha_b - \frac{i}{n+1}(\alpha_b - \alpha_a) \quad (i = 1, 2, \cdots, n-1) \tag{6.16}$$

第 i 层 y 方向的热膨胀系数为

$$\alpha_y = 0 \tag{6.17}$$

根据公式(6.16)、公式(6.17),那么三层的横向热膨胀系数分别为 $19.475 \times 10^{-6}/℃$、$15.85 \times 10^{-6}/℃$、$12.225 \times 10^{-6}/℃$。y 方向的热膨胀系数为 0。

6.3.2 点阵选型

在制导系统中,其结构一般在 y 方向承受冲击和平压载荷,所以在点阵选型时,应该在热膨胀调控范围满足设计要求的前提下,选择 y 方向承压性能最好的可调控热膨胀点阵。

1. 备选点阵几何参数设计

根据表 6.1 中各备选点阵热膨胀范围计算结果,其中 4 种点阵的热膨胀范围符合要求,分别为:三角形构成的四边形点阵、倒梯形构成的四边形点阵、倒梯形与三角形复合点阵和复合杆构成的四边形点阵。根据各点阵结构的热膨胀计算公式,设计各点阵结构的几何参数。然后利用有限元仿真得到结构在平压载荷下的等效刚度,通过对比,选择刚度最大的点阵作为最终优选的点阵。

令 y 方向热膨胀系数为 0,选择 x 方向热膨胀系数为 $8.6 \times 10^{-6}/℃$,点阵的尺度 $c = 50$ mm,杆件的截面均为 5mm×5mm,计算这 4 种点阵的几何参数。经过计算,各种点阵的最终结构参数如表 6.2 所示。

表 6.2 竖向零热膨胀时备选点阵的几何参数

点阵名称		结构参数/mm
1	三角形构成的四边形点阵	$b_x = 25, h_x = 12.5,$ $b_y = 32.785, h_y = 8.61$
2	复合杆构成的四边形点阵	$L = 40, r_y = 10.345$
3	倒梯形构成的四边形点阵	$L = 40, r = 12.5,$ $b_x = 17.16, b_y = 39.2$
4	倒梯形与三角形复合点阵	$L = 40, r = 20,$ $b_y = 15.75, h_y = 10,$ $b_x = 0, h_x = 0$

对于倒梯形构成的四边形点阵,按照表 6.2 中的参数,虽然理论上可以实现所设计的热膨胀系数。但是,当其设计 y 方向热膨胀系数为 0 时,考虑到杆件宽度为 5mm,在结构建模中发现,其复合杆结构与倒梯形的斜边发生干涉。所以该点阵在实际制造中不能实现,不适合用于 y 方向零热膨胀结构设计。

2. 各点阵刚度仿真

以单层点阵为例进行有限元仿真,比较不同点阵在平压载荷下的最大变形量,选择平压刚度最大的点阵作为最终进行异质材料结构连接点阵。

首先,建立几何模型。上层为钛板,下层为铝合金板,其尺寸均为150mm×5mm;中间连接层按照表6.2所设计的几何参数,分别填充三角形构成的四边形点阵、复合杆构成的四边形点阵、倒梯形与三角形复合点阵。点阵的个数为3个;下表面固定约束,上表面施加大小为200N的分布载荷,其方向竖直向下;利用四面体单元,进行自动网格划分;通过有限元仿真,计算所建立各点阵模型在平压载荷下的变形量,如图6.6所示。

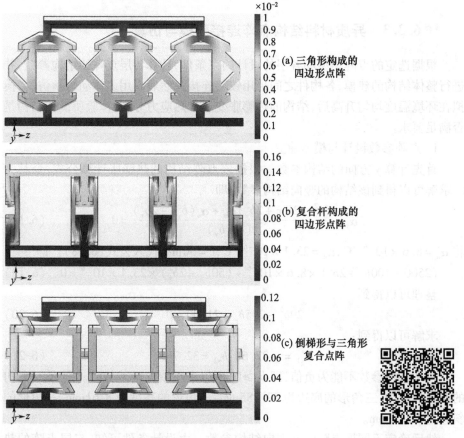

图6.6 平压载荷下不同点阵仿真位移对比　　　　二维码

根据有限元仿真结果,顶部钛板的位移最大。提取钛板上表面的最大位移数据,绘制成表,其结果如表6.3所示。对比不同点阵的最大位移,在200N的分布力作用下,倒梯形与三角形复合点阵的位移最大,故其抗压刚度最小;三角形构成的四边形点阵的位移最小,故其抗压刚度最大。综合考虑热膨胀调控范围和点阵结构的抗压刚度,最终选择三角形构成的四边形点阵进行竖直方向零热膨胀的异质材料结构梯度热膨胀连接设计。

表6.3 平压载荷下不同点阵的最大位移

点阵名称	最大位移/mm
三角形构成的四边形点阵	0.0104
复合杆构成的四边形点阵	0.1021
倒梯形与三角形复合点阵	0.120

6.3.3 异质材料结构点阵连接建模与仿真

根据选定的点阵类型和各层的设计约束条件,计算各层点阵的结构参数,并进行整体结构的建模,各构件之间采用铰链连接。然后利用多体动力学仿真,模拟在环境温度均匀升高后,结构的热膨胀变形和热应力分布,检验所设计结构是否满足要求。

1. 点阵参数设计与模型建立

首先计算 y 方向的结构参数。根据该点阵结构的热膨胀计算公式,令其为0,求解可以得到该结构的竖向结构参数,即

$$\overline{\alpha_y} = \frac{(c^2 - 2b_y c + 2b_y^2)\alpha_a + \alpha_b(b_y c - 2b_y^2)}{c(c - b_y)} = 0 \tag{6.18}$$

将 $\alpha_a = 8.6 \times 10^{-6}/\text{℃}$, $\alpha_b = 23.1 \times 10^{-6}/\text{℃}$, $c = 50\text{mm}$ 代入公式(6.18)。即

$$(2500 - 100b_y + 2b_y^2) \times 8.6 \times 10^{-6} + (50b_y - 2b_y^2) \times 23.1 \times 10^{-6} = 0 \tag{6.19}$$

整理可以得到

$$29b_y^2 - 295b_y - 21500 = 0 \tag{6.20}$$

求解可以得到:

$$b_{y1} = -22.61, b_{y2} = 32.785 \tag{6.21}$$

由于结构参数不能为负值,即 $b_y \geq 0$,所以这里取 $b_y = 32.785$。那么,y 方向的结构参数为:三角形的底边为32.785mm,三角形的高度为8.61mm,三角形的斜边为18.52mm。

然后确定不同层点阵的 x 方向结构参数。由设计条件可知,三层点阵的热膨胀系数分别为:$19.475 \times 10^{-6}/\text{℃}$、$15.85 \times 10^{-6}/\text{℃}$、$12.225 \times 10^{-6}/\text{℃}$。那么,分别令 $\alpha_{x1} = 19.475 \times 10^{-6}/\text{℃}$,$\alpha_{x2} = 15.85 \times 10^{-6}/\text{℃}$,$\alpha_{x3} = 12.225 \times 10^{-6}/\text{℃}$,与竖直方向同样的计算方法,求解可以得到三层点阵的结构参数如表6.4所示。

第 6 章 异质材料结构梯度热膨胀点阵连接设计

表 6.4 竖向零热膨胀时各层点阵 x 方向的结构参数

	底边 b_x/mm	高度 h_x/mm	斜边 a_x/mm
第一层	12	16.58	17.63
第二层	12	8	10
第三层	0	6.25	—

根据所计算的结构参数,建立各层点阵的三维模型和异质材料结构梯度热膨胀连接的装配模型。

图 6.7 给出了 y 方向零热膨胀异质材料结构梯度热膨胀连接各层点阵的三维模型。蓝色部分为钛,红色部分为铝合金。各层点阵 y 方向的结构参数相同,y 方向按照表 6.4 中的参数进行建模。各构件之间采用铰链连接,然后将各层点阵进行连接,建立异质材料结构梯度热膨胀连接的总装配体模型。

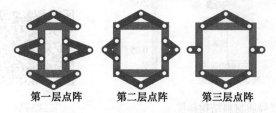
　　　第一层点阵　　　第二层点阵　　　第三层点阵

图 6.7　竖向零热膨胀结构各层点阵三维模型　　　二维码

图 6.8 所示为 y 方向零热膨胀的异质材料结构梯度热膨胀连接的总装配体模型。通过三层不同结构的可调控热膨胀点阵,理论上可以实现热膨胀系数的梯度过渡,并且保证连接层的热膨胀为零。下面通过有限元仿真,利用多体动力学模块,验证所设计结构是否可以实现预期的设计目标。

图 6.8　竖向零热膨胀异质材料结构梯度热膨胀连接总装配体模型　　　二维码

2. 多体动力学仿真

利用异质材料结构连接总装配体模型进行多体动力学仿真。设定温度由 25℃ 升高到 125℃。各构件设置为线弹性材料,按照各材料的热膨胀系数受热变形;固定异质材料结构装配体的左下角,使之保持静平衡;然后分别定义各连接面,使连接处形成铰链,可以相对转动;采用四面体单元自动划分网格,进行多体动力学仿真,如图 6.9 所示。

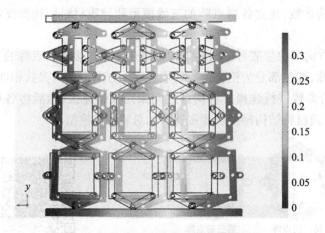

图 6.9 竖向零热膨胀异质材料结构梯度
热膨胀点阵连接热变形仿真结果

二维码

由图 6.9 的仿真结果可以看出,由下到上,各层点阵 x 方向的热膨胀变形依次增大,y 方向的变形近似为 0。该结构可以实现竖直方向的近似零热膨胀,其竖直方向等效热膨胀系数为 $-2.07 \times 10^{-7}/℃$。由下到上,三层点阵的等效热膨胀系数分别为:$19.67 \times 10^{-6}/℃$、$15.68 \times 10^{-6}/℃$、$12.00 \times 10^{-6}/℃$,其结果与设计值非常接近,该结构达到了预期的设计目标,实现了异质材料结构梯度热膨胀连接。由仿真结果可以看出,上下连接板还发生了翘曲,表明结构中仍有一定的热应力。

图 6.10 给出了温度升高 100℃ 时,异质材料结构梯度热膨胀点阵连接的热应力分布。其最大应力大约为 12MPa,顶部钛板中心处的最大应力约为 3.6MPa。该应力值数值较小,证明了梯度热膨胀点阵连接的方法可以大大减小异质材料结构的热应力。

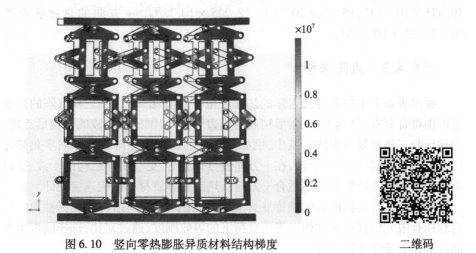

图 6.10 竖向零热膨胀异质材料结构梯度
热膨胀连接结构热应力仿真结果

二维码

6.4 竖向负热膨胀异质材料结构点阵连接设计

6.4.1 设计约束条件确定

竖向负热膨胀异质材料结构设计在满足各层热膨胀系数匹配的前提下,还要保证整个平台竖直方向的热膨胀系数为负。这就要求点阵结构两个方向的热膨胀系数都可以独立调节,并且热膨胀范围可以调节到负值。

假定异质材料结构为铝合金、钛两种材料构成的平板连接,高度为170mm,宽度为150mm,并且要求连接层的等效热膨胀系数为 $-36.25\times10^{-6}/℃$。

首先确定点阵的尺度大小。同样选择以三层热膨胀梯度连接进行异质材料结构连接,即 $n=3$。根据公式(6.1),则有

$$c<56.67\text{mm},c<150\text{mm} \tag{6.22}$$

考虑到结构的轻量化和易装配性,取 $c=50\text{mm}$。两种材料之间通过三层可调控热膨胀点阵过渡连接,每层点阵的热膨胀系数按照线性插值给出,第 i 层 x 方向的热膨胀系数为

$$\alpha_{xi}=\alpha_b-\frac{i}{n+1}(\alpha_b-\alpha_a)\ (i=1,2,\cdots,n-1) \tag{6.23}$$

第 i 层 y 方向的热膨胀系数为

$$\alpha_y=-36.25\times10^{-6}/℃ \tag{6.24}$$

根据公式(6.23)、公式(6.24),那么,三层点阵的 x 方向热膨胀系数分别为

$19.475×10^{-6}/℃$、$15.85×10^{-6}/℃$、$12.225×10^{-6}/℃$。y方向的热膨胀系数为$-36.25×10^{-6}/℃$。

6.4.2 点阵选型

根据表6.1中的各备选点阵的热膨胀范围计算结果,其中三种点阵的热膨胀范围符合要求,分别为:三角形构成的四边形点阵、倒梯形构成的四边形点阵、倒梯形与三角形复合点阵。其中,倒梯形构成的四边形点阵在y方向零热膨胀设计时,其结构就发生了干涉,在y方向负热膨胀时,更会加剧结构的干涉,所以倒梯形构成的四边形点阵不适合y方向负热膨胀异质材料结构连接设计。

根据各点阵结构的等效热膨胀计算公式,设计各点阵结构的几何参数。然后利用有限元仿真得到结构在平压载荷下的等效刚度,通过对比,选择刚度最大的点阵作为最终优选点阵。

令y方向热膨胀系数为$-36.25×10^{-6}/℃$,选择x方向热膨胀系数为$8.6×10^{-6}/℃$,点阵的尺度$c=50mm$,杆件的截面均为$5mm×5mm$,计算这两种点阵的几何参数。经过计算,两种点阵的最终结构参数如表6.5所示。

表6.5 竖向负热膨胀时备选点阵的几何参数

序号	点阵名称	结构参数/mm
1	三角形构成的四边形点阵	$b_x=25, h_x=12.5,$ $b_y=41.3, h_y=4.35$
2	倒梯形与三角形复合点阵	$L=40, r=5,$ $b_x=0, h_x=0,$ $b_y=44.1, h_y=10$

对于三角形构成的四边形点阵结构,当其设计y方向热膨胀系数为$-36.25×10^{-6}/℃$时,其y方向三角形单元的高度$h_y=4.35mm$,小于杆件的宽度,所以在结构建模中,三角形单元的斜边与底边会发生干涉。导致此结构在结构加工制作中不能实现,因此三角形构成的四边形点阵不满足设计要求,只有倒梯形与三角形复合点阵可以用于异质材料结构连接设计。

首先进行三维建模。上层为钛板,其尺寸为$105mm×5mm$,下层为铝合金板,其尺寸为$150mm×5mm$;中间连接层按照表6.5所设计的几何参数,填充倒梯形与三角形复合点阵。点阵的个数为3个;下表面固定约束,上表面施加竖直向下、大小为$200N$的分布载荷;利用四面体单元,进行自动网格划分;通过有限元仿真,计算所建立几何结构在平压载荷下的变形量。

图6.11给出了倒梯形与三角形复合点阵在平压载荷下的变形结果。通过仿真结果可以知道,在$200N$的分布力作用下,钛板上表面的最大位移为

0.0778mm。综合以上结果,最终选择倒梯形与三角形复合点阵进行 y 方向负热膨胀异质材料结构梯度热膨胀连接设计。

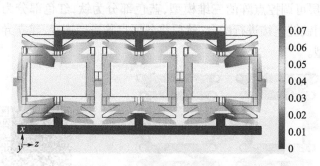

图 6.11　倒梯形与三角形复合点阵平压载荷下仿真结果

二维码

6.4.3　异质材料结构点阵连接建模与仿真

根据设计约束确定的各层点阵的热膨胀系数,利用倒梯形与三角形复合点阵的等效热膨胀计算公式,计算各层点阵的结构参数;建立异质材料结构连接模型,各构件之间采用铰链连接;然后进行多体动力学仿真计算,模拟在环境温度均匀升高后,结构的热膨胀变形和热应力分布,检验所设计结构是否满足要求。

1. 点阵参数设计与模型建立

倒梯形与三角形复合点阵的尺度为 $c = 50$mm,其 y 方向的参数如表 6.5 所示,$L = 40$mm,$r = 5$mm,$b_y = 44.1$mm,$h_y = 10$mm。然后确定不同层点阵的 x 方向结构参数,由设计条件可知,分别令 $\alpha_{x1} = 19.475 \times 10^{-6}$,$\alpha_{x2} = 15.85 \times 10^{-6}$,$\alpha_{x3} = 12.225 \times 10^{-6}$,将 $\alpha_a = 8.6 \times 10^{-6}/℃$,$\alpha_b = 23.1 \times 10^{-6}/℃$,$c = 50$mm 代入该点阵结构的 x 方向热膨胀计算公式,即

$$\frac{\alpha_b(c-2h) + 2h\dfrac{(4h^2+b^2)\alpha_a - b^2\alpha_b}{4h^2}}{c} = \alpha_{xi} \quad (i=1,2,3) \tag{6.25}$$

通过计算,求解可以得到竖向负热膨胀时各层点阵 x 方向的结构参数,如表 6.6 所示。

表 6.6　竖向负热膨胀时各层点阵 x 方向的结构参数

	底边 b_x/mm	高度 h_x/mm	斜边 a_x/mm
第一层	—	6.25	—
第二层	12	8	10
第三层	18	6.75	12.31

根据表 6.6 所示结构参数,建立各层点阵的三维模型和 y 方向异质材料结构梯度热膨胀连接的装配模型。

图 6.12 所示为各层可调控点阵的三维模型,蓝色部分为钛,红色部分为铝合金。各构件之间采用铰链连接进行配合,然后将各层点阵进行连接,建立异质材料结构总装配体模型。

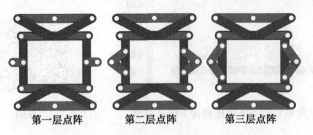
第一层点阵　　　第二层点阵　　　第三层点阵
图 6.12　竖向负热膨胀结构各层点阵三维模型

二维码

图 6.13 所示为 y 方向负热膨胀异质材料结构梯度热膨胀连接的总装配体模型。利用 x 方向热膨胀系数不同的三层点阵连接,理论上可以实现异质材料结构热膨胀系数的梯度过渡,并且保证连接层 y 方向的热膨胀为 $-36.25 \times 10^{-6}/℃$。下面通过有限元仿真,利用多体动力学模块,验证所设计结构是否满足要求。

图 6.13　竖向负热膨胀异质材料结构梯度　　　　二维码
　　　　热膨胀连接总装配体模型

2. 多体动力学仿真

利用所建立的 y 方向负热膨胀异质材料结构连接总装配体模型进行多体动力学仿真。各构件设置为线弹性材料,按照各材料的热膨胀系数受热变形;温度由 25℃ 升高到 125℃;固定异质材料结构装配体的左下角,使之达到静平衡;然后分别定义各连接面,使连接处形成铰链,可以相对转动;采用四面体单元自动划分网格,进行多体动力学仿真,仿真结果如图 6.14 所示。

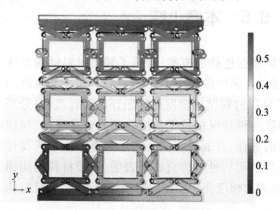

图 6.14　竖直方向负热膨胀异质材料结构点阵连接热变形仿真结果

二维码

由图 6.14 的仿真结果可以看出,各层点阵 x 方向的热膨胀变形依次增大,y 方向的热变形为负。该结构可以实现 y 方向的负热膨胀,其 y 方向等效热膨胀系数为 $-35.67\times10^{-6}/℃$。由下到上,三层点阵的等效热膨胀系数分别为:$19.73\times10^{-6}/℃$、$15.857\times10^{-6}/℃$、$12.11\times10^{-6}/℃$,其结果与设计值相比误差较小,该结构达到了预期的设计目标,实现了 y 方向负热膨胀异质材料结构梯度热膨胀连接。

图 6.15 给出了温度升高 100℃ 时,y 方向负热膨胀异质材料结构梯度热膨胀点阵连接的热应力分布。其最大应力大约为 16MPa,顶部钛板中心处的最大应力约为 4.5MPa。该应力值相对较小,证明了梯度热膨胀点阵连接的方法理论上可以减小异质材料结构的热应力。

图 6.15　竖向负热膨胀异质材料结构梯度热膨胀连接结构热应力仿真结果

二维码

6.5 本章小结

根据异质材料结构梯度热膨胀连接的方案,分析了异质材料结构点阵连接设计必须遵循的约束条件,建立了多种备选点阵结构,并计算了不同点阵的热膨胀调节范围,进一步,给出了异质材料结构梯度热膨胀详细设计流程;分别针对竖向零热膨胀和竖向负热膨胀两种情况进行了梯度热膨胀连接设计,包括设计约束条件的确定和点阵类型的选择,并通过多体动力学仿真验证了所设计异质材料结构梯度热膨胀点阵连接的可行性。仿真结果表明,异质材料结构梯度热膨胀点阵连接,可以实现热膨胀的梯度变化和竖向的热膨胀要求,并且结构的热应力有明显的减小。

第7章 异质材料结构梯度热膨胀点阵连接实验验证

本章主要通过实验的方法,以竖向负热膨胀异质材料结构点阵连接结构为例,验证利用可调控热膨胀点阵进行梯度热膨胀连接的有效性。根据6.4节的结构设计参数,考虑结构的加工与装配,制作异质材料结构点阵连接样件。利用所搭建的热膨胀测量装置,进行结构的热膨胀测量;根据测量结果,计算结构的热应力,验证该结构的热膨胀调节能力和热应力均匀化性能。

7.1 异质材料结构点阵连接样件制造

按照6.4节所设计的竖向负热膨胀异质材料结构点阵连接的各层点阵结构参数,利用数控加工中心加工所设计的各个零部件。

两种材料分别为铝合金(7075)和钛(TA2),然后利用齿形弹性销实现各铰链的紧密连接,由于齿形弹性销与连接孔之间为弹性的过盈配合,可以实现结构的无间隙连接,同时允许结构之间发生微小的转动。其装配实物如图7.1所示。

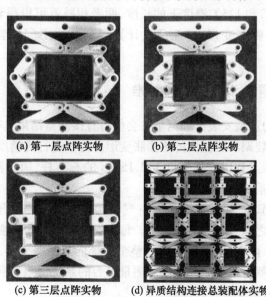

(a) 第一层点阵实物　　(b) 第二层点阵实物

(c) 第三层点阵实物　　(d) 异质结构连接总装配体实物

图7.1　竖向负热膨胀异质材料结构总装配体实物

图 7.1 分别给出了 y 方向负热膨胀异质材料结构点阵连接各层点阵的实物图和异质材料结构总装配体实物图。为了保证各点阵之间不产生干涉,相邻的点阵正反相配,整个异质材料结构的总高度为 162.90mm,连接板的总长度为 149.96mm。三层点阵的宽度分别为:154.42mm、154.86mm、154.67mm。

7.2 热膨胀系数测量

利用第 5 章所搭建的热膨胀测量平台进行热膨胀测量,如图 7.2(a)所示。由于需要测量样件不同位置的热膨胀变形,透镜安装在样件上就需要频繁更换透镜安装位置,调节起来所耗时间较多;另外,横向的安装位置难以安装透镜调节架。为了减少透镜安装调节的次数,缩短实验的测量时间,这里采用导轨滑块进行测量,只需要一次透镜安装调试,通过更换样件的放置位置,就可以测量出不同部位的热膨胀变形。

如图 7.2(b)所示,采用高精度导轨和中度预紧的滑块,保证导轨的直线度误差满足要求,并且滑块与导轨之间微间隙配合。将反射透镜调节架分别固定在滑块上,通过调节镜片的位姿,使得反射激光可以返回激光接受器,形成测量回路。通过在测量软件中观察接收信号的强度,发现在整个滑块的移动范围内和 20~150℃温度范围内,接收信号的强度满足测量要求。

如图 7.2(c)所示,通过改变样件的姿态,使被测长度位于两个反射透镜之间,就可以通过 Lenscan 测距仪测量出长度。每个位置进行 5 次测量,取平均值。分别测量 25℃和 125℃温度下的长度,两者相减就可以得到异质材料结构升温 100℃时的热膨胀变形,进而通过计算得到结构不同位置的等效热膨胀系数。

7.2.1 导轨滑块的误差校准

由于滑块上的透镜安装架和测量尖会使得直接测量结果具有很大的测量偏差,包括了透镜安装架和测量尖的热膨胀变形。为了进行高精度的测量,需要对测量平台进行校准。利用一根长度 170.15mm 的石英杆,通过测量平台的热膨胀变形,得到测量系统的测量偏差。

首先测量 25℃时两个透镜之间空气间隙的长度;然后升温 100℃,测量 125℃时两个透镜之间空气间隙的长度。每个温度点进行 5 次测量,取平均值作为最终测量结果。两者相减,可以得到整个系统的热膨胀变形。减去其中石英杆的热膨胀变形,就可以得到该热膨胀测量平台的系统误差。利用该系统误差,可以对后续的测量数据进行校准。

第 7 章　异质材料结构梯度热膨胀点阵连接实验验证

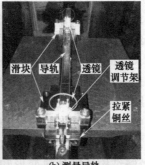

图 7.2　异质材料结构热膨胀测量现场

石英杆的热膨胀系数为 $5.5 \times 10^{-7}/℃$，其在温升 100℃ 的条件下，其热膨胀变形可以由以下公式计算：

$$\Delta l = \alpha l \Delta T \tag{7.1}$$

其中，l 为石英杆的总长度，温升 ΔT 为 100℃，经过计算，其热膨胀变形量为 $9.35\mu m$。

表 7.1 给出了温升 100℃ 时的测量结果，测量的总长度增加量为 $47.18\mu m$，而利用公式 (7.1) 可以得到石英杆的热膨胀变形为 $9.35\mu m$，两者相减可以得到测量平台的系统偏差为 $37.83\mu m$。在后续的测量结果中，通过剔除测量偏差，可以使得测量结果更加准确。

表 7.1　实验平台偏差测量结果

	25℃	125℃	热变形/μm
透镜之间长度/mm	193.79424	193.84106	47.18
石英杆长度/mm	170.15	—	9.35

7.2.2　样件的热膨胀测量

利用所搭建的热膨胀测量平台分别测量样件各层的 x 方向等效热膨胀系数

和 y 方向等效热膨胀系数。首先，固定好样件的位置，使得待测量长度位于两测量尖之间；其次，测量 25℃时两个透镜之间空气间隙的长度；再次，升温 100℃，测量 125℃时两个透镜之间空气间隙的长度；每个温度点进行 5 次测量，取平均值。通过两次测量长度的差值，可以得到整个系统的热膨胀变形。最后剔除测量结果中的系统偏差就可以得到结构实际的热膨胀变形，进而通过计算就可以得到结构的等效热膨胀系数。

由于测量过程中只能测量铰链最外侧两点之间的热变形，而不是两侧铰链中心之间的热变形，导致实际的测量得到的结果不仅包含了设计连接点之间的热变形量，还包括铰链结构的额外热变形和测量平台的系统偏差。其中测量平台的系统偏差已经通过前面的测量与计算得到，其偏差为 37.83μm。在测量过程中直接减去系统偏差就可以校准测量结果。

铰链结构的额外热变形是两端的铰链中心点之外圆弧部分的热膨胀变形。对于各层点阵，其最外侧铰链中心点之外部分为两侧长度均为 2.5mm 的铝合金圆弧部分，其 x 方向的额外热变形为：$\Delta l_x = 2 \times 23.1 \times 10^{-6} \times 2.5 \times 10^3 \times 100 = 11.55 \mu m$。对于 y 方向，其铰链中心点之外的结构为：下板部分为长度 7.5mm 的铝合金部分，上板部分为长度 7.5mm 的钛杆部分，其额外热变形为 $\Delta l_y = 23.1 \times 10^{-6} \times 7.5 \times 10^3 \times 100 + 8.6 \times 10^{-6} \times 7.5 \times 10^3 \times 100 = 23.775 \mu m$。通过去除额外的热变形，可以得到所设计铰链中心处的热变形，进而通过计算得到所设计结构的等级热膨胀系数。

表 7.2 给出了样件分别在 25℃和 125℃时，各层点阵 x 方向的长度和样件 y 方向的高度。二者对应相减就可以得到样件 x 方向的热变形和样件 y 方向的热变形。然后，剔除铰链结构的额外热变形和测量平台的系统偏差，得到铰链中心的净热变形；并通过计算给出了结构的等效热膨胀系数。与结构设计的理论热膨胀系数对比，各层点阵的 x 方向热膨胀系数与设计理论值之间的相对误差较小，最大误差为 3.14%。实验结果与设计结果相吻合。异质材料结构连接 y 方向的热膨胀系数为 -35.97×10^{-6}/℃，与设计理论值相比误差较小，相对误差为 -0.77%。

表 7.2 样件的热变形测量结果

	25℃/mm	125℃/mm	热变形/μm	校准后/μm	热膨胀系数(10^{-6}/℃)		相对误差
					实验值	理论值	
第一层	178.37980	178.60855	228.75	179.37	11.96	12.225	-2.18%
第二层	178.88663	179.18123	294.59	245.21	16.35	15.85	3.14%
第三层	178.17779	178.51690	339.10	289.72	19.31	19.475	-0.82%
y 方向	187.87082	187.39286	-477.96	-539.56	-35.97	-36.25	-0.77%

实验测量结果表明,该异质材料结构连接实现了多层点阵的热膨胀梯度变化,同时实现了 y 方向的负热膨胀,验证了异质材料结构梯度热膨胀点阵链接的可行性。其各层点阵的 x 方向热膨胀系数和点阵 y 方向的热膨胀系数与设计值非常接近,证明了弹性销进行铰链连接的有效性。

7.3 热变形测量与热应力计算

7.3.1 热应力测量原理

异质材料结构中间部分通过点阵铰链连接,其杆件可以转动而释放结构的热应力,因此,其中间点阵连接部分的热应力较小。异质材料结构的热应力主要集中在顶部钛板和底部铝合金板,下面以顶部钛板为例进行热应力分析。

如图 7.3 所示,随着温度的升高,由于顶部钛杆和第一层点阵的热膨胀系数不同,会导致顶部钛板的连接处被拉伸,从而使得顶部钛板中间 BC 部分发生弯曲变形。而连接点外侧部分 AB 和 CD 段会随着中间部分的弯曲发生转动。

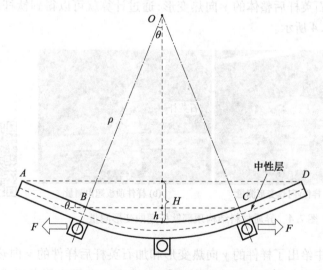

图 7.3 异质材料结构顶部钛杆翘曲变形示意图

假设中间 BC 部分的 y 向挠度为 h,其弯曲半径为 ρ,由于 BC 段长度为 100mm,则有:

$$\theta = \frac{50}{\rho}, h = \rho(1 - \cos\theta) \tag{7.2}$$

另外，连接点 B 和 C 处的转角也为 θ，那么顶板总的翘曲变形量 H 可以表示为

$$H = h + 25 \times \sin\theta \tag{7.3}$$

联立式(7.2)与式(7.3)，可以求解得到曲率 ρ 与总翘曲变形量的关系。

$$H = \rho\left(1 - \cos\frac{50}{\rho}\right) + 25 \times \sin\frac{50}{\rho} \tag{7.4}$$

在测量过程中，通过测量升温前后顶板的总翘曲量，通过计算得到顶板的弯曲曲率，根据弯曲假设理论，可以近似计算顶板的最大应力。

$$\sigma = E\frac{y}{\rho} \tag{7.5}$$

其中，E 为材料的杨氏模量，y 为所计算应力处与中性层的距离。

7.3.2 热应力测量实验

利用导轨滑块热膨胀测量平台，首先测量样件的 y 方向热变形。其次，固定铝杆的测量端不动，在钛杆的一端加一根石英杆，保证石英杆与钛杆完全贴合，然后测量增加石英杆后整体的 y 方向热变形。通过对比异质材料结构 y 向的热变形和增加石英杆后整体的 y 向热变形，通过计算就可以得到钛杆的翘曲总变形量，如图 7.4 所示。

(a) 样件 y 向热变形测量

(b) 样件顶板翘曲测量

图 7.4　异质材料结构顶部钛杆翘曲变形测量

二维码

表 7.3 中给出了样件的 y 向热变形和加石英杆后样件的 y 向热变形，通过校准后其热变形分别为：$-539.56\,\mu m$ 和 $-492.39\,\mu m$，那么两者相减可以得到样件顶板的总翘曲变形量为：$47.17\,\mu m$。将其代入公式(7.4)，得：

$$\rho\left(1 - \cos\frac{50}{\rho}\right) + 25 \times \sin\frac{50}{\rho} = 47.17 \times 10^{-3} \tag{7.6}$$

第 7 章 异质材料结构梯度热膨胀点阵连接实验验证

表 7.3 顶部钛杆的翘曲变形实验测量结果

	25℃/mm	125℃/mm	热变形/μm	校准后/μm
y 向热变形	187.87082	187.39287	−477.95	−539.56
加石英杆后样件的 y 向热变形	197.72784	197.29706	−430.78	−492.39

由于 θ 为小角度,根据泰勒公式有:

$$\begin{cases} \sin\theta = \theta - \dfrac{\theta^3}{3!} + \dfrac{\theta^5}{5!} + o(\theta) \\ \cos\theta = 1 - \dfrac{\theta^2}{2!} + \dfrac{\theta^4}{4!} + o(\theta) \end{cases} \quad (7.7)$$

将公式(7.7)代入公式(7.6),通过求解可以得到顶板中间部分的弯曲曲率为

$$\rho = 53000 \text{mm} \quad (7.8)$$

将所求的弯曲曲率代入公式(7.5),计算顶板的最大应力,此处 $y = 2.5$mm,$E = 112$GPa。通过计算,其最大热应力为

$$\sigma = 112 \times 10^9 \times \dfrac{2.5}{53000} \approx 5.28 \text{MPa} \quad (7.9)$$

由第 2 章仿真计算,异质材料结构直接连接的最大应力大约为 90MPa。而经过实验测量,计算得到的顶板最大应力约为 5.28MPa。与异质材料结构直接连接的热应力相比,通过梯度热膨胀点阵连接的异质材料结构的热应力得到极大的减小。实验结果证明,通过热膨胀梯度点阵连接,可以有效减小结构的热应力。

7.4 本章小结

以竖向负热膨胀异质材料结构点阵连接为例,利用数控机床加工了所需零件,并通过弹性销进行铰链装配连接;搭建了直线导轨热膨胀测量实验平台,分别测量了各层 x 向的等效热膨胀系数和 y 向的等效热膨胀系数。实验结果表明,所设计竖向负热膨胀异质材料结构梯度热膨胀点阵连接实现了热膨胀的梯度变化和竖向的负热膨胀。进一步,利用石英杆辅助,测量出顶部钛板的翘曲变形,并通过计算,得到顶部钛板的最大热应力约为 5.28MPa。实验结果证明,与异质材料结构直接连接的最大热应力相比,异质材料结构热膨胀梯度点阵连接可以有效减小结构的热应力。

参考文献

[1] 张肖肖,秦强. 一体化热防护系统承载能力/热失配改进方法[J]. 航空科学技术,2018, 29,198(6):72-76.

[2] 徐忠营. 一体化热防护系统连接结构的优化设计[D]. 哈尔滨:哈尔滨工业大学,2017.

[3] 李言谨,何力,杨建荣,等. 碲镉汞红外焦平面器件热失配应力研究[J]. 红外与毫米波学报,2008,27(6):409-412.

[4] 李言谨. 降低红外焦平面热失配应力方法[J]. 科技导报,2011,29(8):27-30.

[5] DANG C H. Coefficient of thermal expansion adaptor[P]. US:20090269497 A1,2006-12-31.

[6] ALI Y,COMFORT J M,VOLLMER J G,et al. Joined composite structures with a graded coefficient of thermal expansion for extreme environment applications[P]. US:20090266870 A1, 2008-04-23.

[7] ALI Y,JOHN M,COMFORT J M,et al. Built-up composite structures with a graded coefficient of thermal expansion for extreme environment applications[P]. US:20090269497 A1,2008-04-28.

[8] TOROPOVA M M. Bimaterial lattices with anisotropic thermal expansion[D]. Toronto:University of Toronto,2016.

[9] 徐图. 微电子封装器件热失效分析与优化设计[D]. 南京:南京理工大学,2016.

[10] 王兰心. 微电子封装器件热失效分析与优化研究[J]. 电子制作,2018(17):98-100.

[11] SUJAN D,PANG X B,RAHMAN M E,et al. Performance of Solder Bond on Thermal Mismatch Stresses in Electronic Packaging Assembly[J]. Materials Science Forum,2014,773-774:242-249.

[12] SINEV L S,RYABOV V T. Reducing thermal mismatch stress in anodically bonded silicon-glass wafers:theoretical estimation[J]. Journal of micro/nanolithography, MEMS, and MOEMS,2017,16(1):015003.1-5.

[13] LONG Z,XIAOMIN Z,JIYUN S,et al. Generalized thermoelastic analysis of thermo-optic switch multi-layer structure[J]. Optik International Journal for Light & Electron Optics,2018,178: 432-438.

[14] LONG Z,XIAOMIN Z,JIYUN S,et al. Thermo-induced curvature and interlayer shear stress analysis of MEMS double-layer structure[J]. Continuum Mechanics & Thermodynamics, 2020,32(4):1127-1139.

[15] TIMOSHENKO S. Analysis of bi-metal thermostats[J]. Journal of The Optical Society of America and Review of Scientific Instruments,1925,11:233-255.

[16] HESS M S. The End Problem for a Laminated Elastic Strip-I. The General Solution[J].

Journal of Composite Materials,1969,3:262-280.

[17] HESS M S. The End Problem for a Laminated Elastic Strip - II. Differential Expansion Stresses [J]. Journal of Composite Materials,1969,3:630-641.

[18] SUHIR E. Stresses in Bi - Metal Thermostats [J]. Journal of Applied Mechanics,1986,53: 595-600.

[19] SUHIR E. Interfacial Stresses in Bimetal [J]. Journal of Applied Mechanics,1989,56:657-660.

[20] 刘加凯. 多层薄膜结构中的热应力分析[J]. 传感技术学报,2016,29(7):994-999.

[21] EISCHEN J W,CHUNG C,KIM J H. Realistic Modeling of Edge Effect Stresses in Bimaterial Elements [J]. Journal of Electronic Packaging,1990,112(1):16-23.

[22] JOHN J H,ENGEL P A. Thermal Stress and Strain in Microelectronics Packaging [J]. Journal of Electronic Packaging,1993,115(3):343.

[23] YILAN K,YOUQUAN J,YANQUN W. The thermal stress analysis of the interfacial edge in dissimilar structure and the effects of geometric shape[J]. Transactions of Tianjin University, 1996,2(2):1-5.

[24] 陈星,华桦,何凯,等. 红外焦平面探测器封装结构热应力分析[J]. 激光与红外,2014, 44(6):645-648.

[25] 刘加凯. MEMS 多层结构的热应力分析[J]. 电子元件与材料,2015,34(9):71-74.

[26] 曹蕾蕾,裴建中,陈疆,等. 梯度材料热应力研究进展[J]. 材料导报,2014,28(23): 46-50.

[27] 黄梦婷,蒲伟于. 功能梯度材料的热应力分析及研究进展[J]. 价值工程,2015,000(7): 15-16.

[28] 王浩楠,李争显,华云峰,等. W/ODS 铁素体钢功能梯度材料热应力分析[J]. 表面技术,2019,48(8):257-262.

[29] 蔡艳芝,尹洪峰,袁蝴蝶,等. SiC/C 功能梯度材料的热-应力耦合分析[J]. 中南大学学报:自然科学版,2012,43(9):89-95.

[30] 何爱军,尹光福,郑昌琼. Ti6Al4V/DLC 系人工心瓣功能梯度材料的热应力计算[J]. 材料研究学报,2001,15(4):463-468.

[31] 凌云汉,白新德,葛昌纯. 偏滤器部件 W/Cu 功能梯度材料的热应力缓和[J]. 清华大学学报:自然科学版,2003(6):750-753.

[32] 凌云汉,白新德,李江涛,等. W/Cu 功能梯度材料的热应力优化设计[J]. 稀有金属材料与工程,2003,32(12):976-980.

[33] 彭芯钰. 热障涂层双层粘结层的结构调控及机理研究[D]. 西安:西安石油大学,2019.

[34] 明宪良,唐晔,汪小明,等. 多尺度构型—多材料融合的功能结构增材制造技术[J]. 工业技术创新,2018,5(4):34-40.

[35] TOROPOVA M M. Bimaterial lattices with anisotropic thermal expansion [D]. Toronto:University of Toronto,2016.

[36] TOROPOVA M M,STEEVES C A. Bimaterial lattices with anisotropic thermal expansion [J]. Journal of Mechanics of Materials and Structures,2014,9(2):227-244.

[37] TOROPOVA M M, STEEVES C A. Adaptive bimaterial lattices to mitigate thermal expansion mismatch stresses in satellite structures [J]. Acta Astronautica, 2015, 113: 132 - 141.

[38] TOROPOVA M M, STEEVES C A. Bimaterial lattices as thermal adapters and actuators [J]. Smart Materials and Structures, 2016, 25(11): 115030.

[39] KORTHUIS V, KHOSROVANI N, SLEIGHT A W, et al. Negative Thermal Expansion and Phase Transitions in the $ZrV_{2-x}P_xO_7$ Series [J]. Chemistry of materials, 1995, 7(2): 412 - 417.

[40] MARY T A, EVANS J S O, VOGT T, et al. Negative thermal expansion from 0.3 to 1050 K in ZrW_2O_8 [J]. Science, 1996, 272: 90 - 92.

[41] GOODWIN A L, KEPERT C J. Negative thermal expansion and low - frequency modes in cyanide - bridged framework materials [J]. Physical review B, 2005, 71(14): 140301.1 - 4.

[42] CHAPMAN K W, CHUPAS P J, KEPART C J. Compositional dependence of negative thermal expansion in the Prussian blue analogues $M_{II}Pt_{IV}(CN)6$ (M = Mn, Fe, Co, Ni, Cu, Zn, Cd) [J]. Journal of the American Chemical Society, 2006, 128(21): 7009 - 7014.

[43] ANTHONY E P, ANDREW L G, GREGORY J H, et al. Nanoporosity and Exceptional Negative Thermal Expansion in Single - Network Cadmium Cyanide [J]. Angewandte Chemie, 2008, 47: 396 - 1399.

[44] GREVE B K, MARTIN K L, LEE P L, et al. Pronounced Negative Thermal Expansion from a Simple Structure: Cubic ScF_3 [J]. Journal of the American Chemical Society, 2010, 132(44): 15496 - 15498.

[45] ATTFIELD J P. A fresh twist on shrinking materials [J]. Nature, 2011, 480: 465 - 466.

[46] CHEN J, GAO Q, SANSON A, et al. Tunable thermal expansion in framework materials through redox intercalation [J]. Nature Communications, 2017, 8: 14441.

[47] AZUMA M, CHEN W T, SEKI H, et al. Colossal negative thermal expansion in $BiNiO_3$ induced by intermetallic charge transfer [J]. Nature Communications, 2011, 2: 347.

[48] AZUMA M, OKA K, NABETANI K. Negative thermal expansion induced by intermetallic charge transfer [J]. Science and Technology of Advanced Materials, 2015, 16(3): 2555 - 2559.

[49] YAMADA I, TSUCHIDA K, OHGUSHI K, et al. Giant Negative Thermal Expansion in the Iron Perovskite $SrCu_3Fe_4O_{12}$ [J]. Angewandte Chemie, 2011, 50(29): 6579 - 6582.

[50] SALVADOR J R, GUO F, HOGAN T, et al. Zero thermal expansion in YbGaGe due to an electronic valence transition [J]. Nature, 2003, 425: 702 - 705.

[51] SLEIGHT A. Zero-expansion plan [J]. Nature, 2003, 425: 674 - 676.

[52] GUILLAUME C E. Invar and Its Applications [J]. Nature, 1904, 71: 134 - 139.

[53] NAKAMURA H, WADA H, YOSHIMURA K, et al. Effect of chemical pressure on the magnetism of YMn_2: magnetic properties of $Y_{1-x}Sc_xMn_2$ and $Y_{1-x}La_xMn_2$ [J]. Journal of Physics F, 1988, 18: 981 - 991.

[54] HUANG R, LIU Y, FAN W, et al. Giant negative thermal expansion in $NaZn_{13}$-type La(Fe, Si, Co)$_{13}$ compounds [J]. Journal of the American Chemical Society, 2013, 135: 11469 - 11472.

[55] ZHAO Y Y, HU F X, BAO L F, et al. Giant Negative Thermal Expansion in Bonded MnCoGe -

Based Compounds with Ni_2In – Type Hexagonal Structure [J]. Journal of the American Chemical Society,2015,137:1746 – 1749.

[56] SIGMUND O,TORQUATO S. Design of materials with extreme thermal expansion using a three-phase topology optimization method. Journal of the Mechanics and Physics of Solids, 1997,45(6):1037 – 1067.

[57] SIGMUND O,TORQUATO S. Composites with extremal thermal expansion coefficients. Applied Physics Letters,1996,69(21):3203.

[58] 刘书田,曹先凡. 零膨胀材料设计与模拟验证[J]. 复合材料学报,2005,22:126 – 132.

[59] Oruganti R K, Ghosh A K, Mazumder J. Thermal expansion behavior in fabricated cellular structures [J]. Materials Science and Engineering A,2004,371:24 – 34.

[60] BIN W,JUN Y,GENGDONG C. Optimal structure design with low thermal directional expansion and high stiffness [J]. Engineering Optimization,2011,43:581 – 595.

[61] 阎军,邓佳东,程耿东. 基于柔顺性与热变形双目标的多孔材料与结构几何多尺度优化设计[J]. 固体力学学报,2011,32:119 – 132.

[62] LAKES R. Cellular solid structures with unbounded thermal expansion [J]. Journal of Materials Science Letters,1996,15(6):475 – 477.

[63] LAKES R. Cellular solids with tunable positive or negative thermal expansion of unbounded magnitude [J]. Applied Physics Letters,2007,90:221905.

[64] LEHMAN J,LAKES R. Stiff lattices with zero thermal expansion and enhanced stiffness via rib cross section optimization. International Journal of Mechanics and Materials in Design,2013, 9:213 – 225.

[65] 梁宇静,张永存. 具有特定热膨胀的超材料设计[C]. 中国国际复合材料科技大会,2017.

[66] 梁宇静. 高刚度特定热膨胀行为的点阵复合材料与结构设计[D]. 大连:大连理工大学,2018.

[67] JEFFERSON G,PARTHASARATHY T A,KERANS R J. Tailorable thermal expansion hybrid structures [J]. International Journal of Solids and Structures,2009,46:2372 – 2387.

[68] MILLER W,MACKENZIE D,SMITH C,et al. A generalised scale-independent mechanism for tailoring of thermal expansivity:Positive and negative[J]. Mechanics of Materials,2008,40(4/5):351 – 361.

[69] STEEVES C A,SANTOS S L,HE M,et al. Concepts for structurally robust materials that combine low thermal expansion with high stiffness[J]. Journal of the Mechanics and Physics of Solids,2007,55(9):1803 – 1822.

[70] STEEVES C A,MERCER C,ANTINUCCI E,et al. Experimental investigation of the thermal properties of tailored expansion lattices[J]. International Journal of Mechanics and Materials in Design,2009,5(2):195 – 202.

[71] GRIMA J N,GATT R,ELLUL B. 具有潜在负热膨胀性和负压缩性的三角形构筑模块的有限元分析[J]. 硅酸盐学报,2009,5:743 – 748.

[72] GRIMA J N, FARRUGIA P S, GATT R, et al. A system with adjustable positive or negative thermal expansion[J]. Proceedings of the Royal Society A: Mathematical Physical and Engineering Sciences, 2007, 463: 1585 – 1596.

[73] RHEIN R K, NOVAK M D, LEVI C G, et al. Bimetallic low thermal-expansion panels of Co-base and silicide-coated Nb-base alloys for high-temperature structural applications [J]. Materials Science and Engineering A, 2011, 528(12): 3973 – 3980.

[74] LIM T C. Anisotropic and negative thermal expansion behavior in a cellular microstructure [J]. Journal of Materials Science, 2005, 40(12): 3275 – 3277.

[75] ZHU H, FAN T, PENG Q, et al. Giant Thermal Expansion in 2D and 3D Cellular Materials [J]. Advanced Materials, 2018, 30(18): 1705048.

[76] AI L, GAO X L. Metamaterials with negative Poisson's ratio and non-positive thermal expansion[J]. Composite Structures, 2017, 162: 70 – 84.

[77] AI L, GAO X L. Three-dimensional metamaterials with a negative Poisson's ratio and a non-positive coefficient of thermal expansion [J]. International journal of mechanical Sciences, 2018, 135: 101 – 113.

[78] WEI K, CHEN H, PEI Y, et al. Planar lattices with tailorable coefficient of thermal expansion and high stiffness based on dual-material triangle unit[J]. Journal of the Mechanics and Physics of Solids, 2016, 86: 173 – 191.

[79] WEI K, PENG Y, WANG K, et al. Three dimensional lightweight lattice structures with large positive, zero and negative thermal expansion[J]. Composite Structures, 2018, 188: 287 – 296.

[80] WEI K, PENG Y, QU Z, et al. A cellular metastructure incorporating coupled negative thermal expansion and negative Poisson's ratio[J]. International Journal of Solids and Structures, 2018, 150: 255 – 267.

[81] WEI K, PENG Y, QU Z, et al. Lightweight composite lattice cylindrical shells with novel character of tailorable thermal expansion[J]. International Journal of Mechanical Sciences, 2018, 137: 77 – 85.

[82] GDOUTOS E, SHAPIRO A A, DARAIO C. Thin and Thermally Stable Periodic Metastructures [J]. Experimental Mechanics, 2013, 53(9): 1735 – 1742.

[83] PARSONS E M. Lightweight cellular metal composites with zero and tunable thermal expansion enabled by ultrasonic additive manufacturing: Modeling, manufacturing, and testing [J]. Composite Structures, 2019, 223: 110656.1 – 17.

[84] QU J, KADIC M, NABER A, et al. Micro-Structured Two-Component 3D Metamaterials with Negative Thermal-Expansion Coefficient from Positive Constituents[J]. Scientific Report, 2017, 7: 40643.

[85] KELLY A, MCCARTNEY L N, CLEGG W J, et al. Controlling thermal expansion to obtain negative expansivity using laminated composites[J]. Composites Science and Technology, 2005, 65(1): 47 – 59.

[86] 李晓文. 零/负多孔热膨胀结构设计及其性能表征[D]. 哈尔滨: 哈尔滨工业大

学,2016.

[87] KANAGARAJ S,PATTANAYAK S. Measurement of the thermal expansion of metal and FRPs [J]. Cryogenics,2003,43(7):399-424.

[88] BATCHELDER D N,SIMMONS R O. Lattice Constants and Thermal Expansivities of Silicon and of Calcium Fluoride between 6° and 322°K[J]. The Journal of Chemical Physics,1964, 41(8):2324-2329.

[89] BATCHELDER D N,SIMMONS R O. X-Ray Lattice Constants of Crystals by a Rotating-Camera Method: Al,Ar,Au,CaF_2,Cu,Ge,Ne,Si[J]. Journal of Applied Physics,1965,36(9):2864-2868.

[90] WALSH R P. Use of strain gages for low temperature thermal expansion measurements[C]. In Proceedings of the 16th International Cryogenic Engineering Conference/International Cryogenic Materials Conference(ICEC/ICMC),Kitakyushu,Japan,1996:661-664.

[91] GROSSINGER R,MULLER H. New device for determining small changes in length [J]. Review of entific Instruments,1981,52(10):1528-1535.

[92] EZZOUINE Z,NAKHELI A. A Simple Method for Determining Thermal Expansion Coefficient of Solid Materials with a Computer-aided Electromagnetic Dilatometer Measuring System [J]. Sensor and Transducers Joural,2015,190(7):86-91.

[93] BIJL D,PULLAN H. A new method for measuring the thermal expansion of solids at low temperatures; the thermal expansion of copper and aluminium and the Gruneisen rule [J]. Physica 1954,21(1-5):285-298.

[94] SUBRAHMANYAM H N,SUBRAMANYAM S V. Accurate measurements of thermal expansion of solids between 77K and 350K by 3-terminal capacitance method[J]. Pramana 1986, 27(5):647-660.

[95] WOLFF E G,ESELUN S A. Thermal expansion of a fused quartz tube in a dimensional stability test facility[J]. Review of Scientific Instruments,1979,50(4):502-506.

[96] WOLFF E G,SAVEDRA R C. Precision interferometric dilatometer[J]. Review of Scientific Instruments,1985,56(7):1313-1319.

[97] NAKAHARA S,FUJITA T,SUGIHARA K,et al. Two-Dimensional Thermal Contraction of Composites[J]. Advances in cryogenic engineering,1986,32:209-215.

[98] NAKAHARA S,MAEDA Y,MATSUMARA K,et al. Deformation measurements of materials at low temperatures using laser speckle photography method[J]. Materials,1992,38:85-92.

[99] KRUGLOV A B,KRUGLOV V B,OSINTSEV A V. Measurement of the thermal coefficient of linear expansion on a speckle-interferometric dilatometer[J]. Instruments and Experimental Techniques,2016,59(1):156-158.

[100] NAKAHARA S,SAKIYAMA H,HISADA F,et al. Strain measurements of stainless steel at low temperatures using electronic speckle pattern photography[C]. Proceedings of 16th International Cryogenic Engineering Conference/International Cryogenic Materials Conference, 1997:665-668.

[101] NAKAHARA S, NISHIDA S, HISADA S, et al. Thermal Contraction Coefficient Measurement Technique of Several Materials at Low Temperatures Using Electronic Speckle Pattern Interferometry[J]. Advances in Cryogenic Engineering Materials, 1998, 44:359 - 366.

[102] MORITA Y, ARAKAWA K, TODO M. High - Sensitivity Measurement of Thermal Deformation in a Stacked Multichip Package[J]. IEEE Transactions on Components and Packaging Technologies, 2007, 30:137 - 143.

[103] RYU H Y, SUH H S. A Fiber Ring Laser Dilatometer for Measuring Thermal Expansion Coefficient of Ultralow Expansion Material[J]. IEEE Photonics Technology Letters, 2007, 19(24):1943 - 1945.

[104] TOMPKINS S S, BOWLES D E, KENNEDY W R. A laser-interferometric dilatometer for thermal-expansion measurements of composites[J]. Experimental Mechanics, 1986, 26(1): 1 - 6.

[105] WATANABE H, YAMADA N, OKAJI M. Laser Interferometric Dilatometer Applicable to Temperature Range from 1300K to 2000K[J]. International Journal of Thermophysics, 2001, 22(4):1185 - 1200.

[106] DROTNING W D. A laser interferometric dilatometer for low-expansion materials[J]. International Journal of Thermophysics, 1988, 9(5):849 - 860.

[107] 张旭东,苏永昌,叶孝佑. 光干涉法高精度材料线膨胀系数测量[J]. 计量学报,2012, 33(1):1 - 4.

[108] 杨新圆. 激光干涉法测量固体材料热膨胀率的不确定度研究[D]. 石家庄:河北大学,2009.

[109] 范开果. 激光干涉法测量材料线膨胀系数的实验研究[D]. 北京:北京工业大学,2007.

[110] SUN J, LIU J, YANG X, et al. Development of a high accuracy laser interferometric dilatometer over the temperature range from 300 K to 1200 K[J]. High Temperatures-High Pressures, 2012, 41(2):121 - 132.

[111] 孙建平,范开果,荆卓寅,等. 激光干涉法测量材料线膨胀系数的实验研究[J]. 计量技术,2007(5):14 - 17.

[112] XIE H, KANG Y. Digital image correlation technique[J]. Optics and Lasers in Engineering, 2015, 65:1 - 2.

[113] SUTTON M A, HILD F. Recent Advances and Perspectives in Digital Image Correlation[J]. Experimental Mechanics, 2015, 55(1):1 - 8.

[114] WANG Y, TONG W. A high resolution DIC technique for measuring small thermal expansion of film specimens[J]. Optics and Lasers in Engineering, 2013, 51(1):30 - 33.

[115] JIANG L, HE Y, WANG D, et al. Digital image correlation method for measuring thermal deformation of composite materials[C]. Sixth International Symposium on Precision Mechanical Measurements, 2013, 8916:89161Y.

[116] PAN B, XIE H, TAO H, et al. Measurement of coefficient of thermal expansion of films using

digital image correlation method[J]. Polymer Testing,2009,28(1):75-83.

[117] PAN B. Thermal error analysis and compensation for digital image/volume correlation [J]. Optics and Lasers in Engineering,2018,101:1-15.

[118] JIAN Z,DONG Z,ZHE Z. A Non-Contact Varying Temperature Strain Measuring System Based on Digital Image Correlation[J]. Experimental Techniques,2016,40(1):101-110.

[119] CHI Y,YU L,PAN B. Low-cost,portable,robust and high-resolution single-camera stereo-DIC system and its application in high-temperature deformation measurements [J]. Optics and Lasers in Engineering,2018,104:141-148.

[120] 颜鸣皋. 铝合金镁合金. 中国航空材料手册. 2版. 北京:中国标准出版社,2001.

[121] 颜鸣皋. 钛合金铜合金. 中国航空材料手册. 2版. 北京:中国标准出版社,2001.

[122] BIRCH F. Finite Elastic Strain of Cubic Crystals[J]. Physical Review,1947,71(11):809-824.

[123] Bulk Modulus of the elements [EB/OL]. [2017-11-10]. http://period ictable.com/Properties/A/BulkModulus. st. html.

[124] 哈宽富. 金属力学性质的微观理论[M]. 北京:科学出版社,1983.

[125] 刘彤,刘敏珊. 金属材料弹性常数与温度关系的理论解析[J]. 机械工程材料,2014,38(3):85-89.

参考文献

digital image correlation method[J]. Polymer Testing, 2009, 28(1): 75-42.

[17] PAN B. Thermal error analysis and compensation for digital image volume correlation[J]. Optics and Lasers in Engineering, 2018, 101: 11-15.

[18] JIAN Z, DONG Z, ZHU Z, *et al*. Contact-Varying Temperature Strain Measuring System based on Digital Image Correlation [J]. Experimental Techniques, 2016, 40(1): 103-110.

[19] CHI Y, YU L, PAN B. Low-cost, portable, robust and high-resolution single-camera stereo-DIC system and its application in high-temperature deformation measurements [J]. Optics and Lasers in Engineering, 2018, 104: 141-148.

[20] 潘兵波. 数字图像相关中的变形测量方法研究及其应用[D]. 北京:清华大学博士学位论文, 2007.

[21] 邱吉宝, 王永岩. Lax-Wendroff 差分格式[M]. 2 版. 北京:中国科学技术出版社, 2004.

[22] BIRCH F. Finite Elastic Strain of Cubic Crystals[J]. Physical Review, 1947, 71(11): 809-824.

[23] Bulk Modulus of the elements (B/GPa) [J]. 2017-11-10. https: //en.wikipedia.org/w/index.php? title=List_of_elements_by_bulk_modulus&oldid=809.

[24] 程守洙, 江之永. 普通物理学第四册[M]. 北京: 科学出版社, 1962.

[25] 胡欣, 刘宗雁. 飞秒激光超短脉冲对金属铝作用的数值模拟[J]. 激光与红外, 2014, 38(3): 55-82.